科学技术学术著作丛书

天线系统导论与结构分析

连培园　严粤飞　王　艳　薛　松　编著

西安电子科技大学出版社

内 容 简 介

天线系统作为高性能电子装备的"眼睛"和"耳朵",对保障高性能电子装备电性能的发挥起着极其重要的作用。本书主要介绍天线系统的基础知识与结构建模耦合分析方法。全书共 7 章,内容包括绪论、天线电磁基础、天线结构与热分析、天线多场耦合、反射面天线基础、阵列天线基础、面天线机电耦合分析软件设计等。

本书可供高等学校天线相关专业的高年级本科生、研究生以及从事天线设计、制造及保障相关工作的工程技术人员参考。

图书在版编目(CIP)数据

天线系统导论与结构分析/连培园等编著. --西安:西安电子科技大学出版社,
2023.11
ISBN 978 - 7 - 5606 - 7022 - 5

Ⅰ.①天… Ⅱ.①连… Ⅲ.①天线—结构分析 Ⅳ.①TN82

中国国家版本馆 CIP 数据核字(2023)第 186389 号

策 划 马乐惠
责任编辑 王 瑛
出版发行 西安电子科技大学出版社(西安市太白南路 2 号)
电 话 (029)88202421 88201467   邮 编 710071
网 址 www.xduph.com   电子邮箱 xdupfxb001@163.com
经 销 新华书店
印刷单位 咸阳华盛印务有限责任公司
版 次 2023 年 11 月第 1 版 2023 年 11 月第 1 次印刷
开 本 787 毫米×1092 毫米 1/16 印张 14
字 数 250 千字
定 价 35.00 元
ISBN 978 - 7 - 5606 - 7022 - 5/TN
XDUP 7324001 - 1

前　言

凡利用电磁波来传递信息的装置，几乎都需要用到天线。天线将高频电流转变为电磁波并辐射到空间中，或者将空间中传来的电磁波能量转变为高频电流，在通信、雷达、导航、电子对抗、遥感遥测和射电天文等领域得到了广泛应用。因此，对天线相关理论与技术的学习非常重要。

本书是作者在阅读天线技术领域大量相关公开文献及优秀书籍的基础上，结合团队多年的天线机电热耦合研究工作经验编写而成的。本书着重从工程应用的角度介绍天线相关基础概念和机电热耦合分析基础知识，对开展天线机电热多学科交叉研究有一定的参考价值。

本书的主要框架如下：

第1章是绪论部分，主要介绍通信技术发展概况、天线发展历史、天线的分类、射电望远镜发展概况、雷达发展概况、微波的特性及效应等内容。

第2章介绍天线电磁基础知识，有助于读者了解天线的工作原理和相关参数。

第3章介绍天线结构设计与热分析相关知识，内容包括天线结构设计、反射面结构测试、天线结构力学方程、天线结构有限元建模、天线传热学理论、温度场与结构变形分析、天线散热冷板、天线结构振动响应分析等。

第4章介绍天线多场耦合基础知识，内容包括多场耦合问题概述、耦合分类与耦合关系分析、耦合建模方法、耦合求解方法、耦合分析软件等，让读者认识耦合问题并初步了解天线耦合分析软件及流程。

第5章和第6章分别针对工程中常见的反射面天线和阵列天线详细介绍相关基础知识。

第7章介绍面天线机电耦合分析软件设计，内容包括天线结构参数化设计、天线结构优化设计、异构软件集成、面天线机电耦合分析软件设计与应用，为读者开展天线多学科耦合分析提供参考。

在本书的编写过程中，西安电子科技大学段宝岩院士以及王从思、朱敏波、陈光达、张福顺、邵晓东、杜敬利、曹鸿均、段学超等老师从不同方面给予了指导；同时，中国电子科技集团公司第三十九研究所周生怀、段玉虎、赵武林、贺更新、任文龙、唐积刚、陈慰、庞毅等，中国电子科技集团公司第五十四研究所郑元鹏、杜彪、伍洋、刘国玺等，中国电子科技集团公司第三十八研究所王志海、于坤鹏、时海涛、吴文志等，中国科学院新疆天文台王娜、许谦等，中国科学院国家天文台孔德庆，中国科学院云南天文台汪敏，中国科学院紫金山天文台王海仁等给予了大力支持与帮助；作者实验室的全体博士和硕士研究生在图表绘制、数据收集、资料查找、书稿整理等方面付出了辛勤劳动。在此，作者对以上所有同志一并表示感谢。

由于编著者水平有限，书中难免存在不妥之处，敬请广大读者批评指正。

编著者

2023 年 7 月

CONTENTS 目　录

第1章 绪 论

通信技术是指将信息从一个地点传送到另一个地点所采取的方法和措施。通信从早期的视觉通信、听觉通信发展到了后来的有线电通信和无线电通信。在无线电通信系统中，天线是用来发射或接收电磁波的部件，被广泛应用在通信、雷达、射电天文、导航、电子对抗和遥感遥测等工程系统中。除此之外，在使用电磁波传送能量方面，非信号的能量辐射也需要天线。可以说，天线就是一种变换器，它把传输线上传播的导行波变换成在无界媒介（通常是自由空间）中传播的电磁波，或者进行相反的变换。

1.1 通信技术发展概况

早在三千多年前的商朝，信息传递就已见诸记载。不过，在交通条件并不发达的古代，信息是通过官方的驿站传递的，传递的多是官方信息、边疆战事等，而在战场上用钟鼓、烟火、狼烟、旗语、信鸽等方式传递信息。古代其他国家同样发明了多种多样的通信方式，例如古埃及的灯塔、法国的通信塔、航海中广泛使用的信号旗等。19世纪中叶以后，随着电报、电话的发明，通信领域发生了根本性的巨大变革，实现了利用金属导线来传递信息，甚至通过电磁波来进行无线通信，使神话中的"顺风耳""千里眼"变成了现实。

表1.1列出了无线通信史上的重大事件及其发生时间。人类社会发展的早期，人们主要通过视觉和听觉进行通信，如使用旗帜、烟雾、钟鼓等进行通信，信号旗今天仍用于船与船之间的通信。值得注意的是，早期的这些远程通信机制都使用了数字技术。1844年，塞缪尔·莫尔斯(S. F. B. Morse)通过莫尔斯电码实现了从巴尔的摩到华盛顿特区的电子通信，这就是第一封电报，它携带

着"上帝做了什么？"的信息。1851 年，实现了第一条横跨英吉利海峡的海底电报电缆。1866 年，在经历了几次跨大西洋电报电缆实验失败后，终于实现了跨大西洋电缆连接。1876 年，亚历山大·格雷厄姆·贝尔(A. G. Bell)发明了电话，自此开启了长时间的以模拟通信为主的电子通信时代。

1864 年，詹姆斯·克拉克·麦克斯韦(J. C. Maxwell)将电磁场理论用简洁、对称、完美的数学形式表示出来，即麦克斯韦方程组；1865 年，他预言了电磁波的存在。1888 年，海因里希·鲁道夫·赫兹(H. R. Hertz)用实验证实了电磁波的存在。海因里希·鲁道夫·赫兹和古列尔莫·马可尼(G. Marconi)分别在 1887 年和 1897 年发明了天线和无线电系统，使无线电报成为可能。1901 年，古列尔莫·马可尼进行了第一次跨大西洋无线电传输。在 20 世纪早期，电子技术得到了进一步发展，在第二次世界大战期间达到顶峰，出现了喇叭、反射器、阵列天线等，产生了微波装置、雷达系统等。20 世纪 50 年代，广播电视被广泛使用。20 世纪 60 年代，光纤电缆技术的发展成熟，极大地促进了光纤通信的形成。20 世纪 80 年代，无线电通信得到了大规模应用。

表 1.1　无线通信史上的重大事件及其发生时间

时　间	事　件
人类社会发展的早期	视觉通信：旗帜、烟雾； 听觉通信：钟鼓
1844 年	电报——电子通信的开始
1851 年	第一条横跨英吉利海峡的海底电报电缆
1864 年	麦克斯韦方程组——无线电波原理和电磁波频谱
1866 年	第一根持久的跨大西洋电话线
1876 年	电话——远距离有线模拟通信
1887 年	第一个天线
1897 年	第一架实体无线电系统
1901 年	第一次跨大西洋无线电传输
第二次世界大战期间	喇叭、反射器和阵列天线
20 世纪 50 年代	广播电视被广泛使用
20 世纪 60 年代	光纤通信形成
20 世纪 80 年代	无线电通信得到了大规模应用

1.2 天线发展历史

最早的发射天线是 H. R. Hertz 在 1887 年为了验证 J. C. Maxwell 根据理论推导所作的关于存在电磁波的预言而设计的。该天线是两个约 30 cm 长且位于一条直线上的金属杆,其远离的两端分别与两个面积约 40 cm² 的正方形金属板相连接,靠近的两端分别连接两个金属球并接到一个感应线圈的两端,利用金属球之间的火花放电来产生振荡。当时, H. R. Hertz 所用的接收天线是单圈金属方形环状天线,根据方环端点之间的空隙出现火花来指示接收到了信号。G. Marconi 是第一个采用大型天线实现远洋通信的,他所用的发射天线由几十根下垂铜线组成。这是人类真正付诸实用的第一副天线。自从这副天线产生以后,天线的发展大致经历了三个时期,如图 1.1 所示。

1. 线天线时期

在无线电获得应用的最初时期,真空管振荡器尚未发明,人们认为波长越长,传播中的衰减越小。因此,为了实现远距离通信,所利用的波长都在 1000 m 以上。在这一波段中,显然水平天线是不合适的,因为大地中的镜像电流和天线电流方向相反,天线辐射很小。此外,它所产生的水平极化波沿地面传播时衰减很大。因此,在这一时期应用的是各种不对称天线,如倒 L 形天线、T 形天线、伞形天线等。由于高度受到结构上的限制,这些天线的尺寸比波长小很多,因此属于电小天线的范畴。后来,业余无线电爱好者发现短波能传播很远的距离。利用短波进行通信,所使用的天线尺寸可以与波长相比拟,从而促进了天线的顺利发展。这一时期除抗衰减的塔式广播天线外,还出现了各种水平天线和各种天线阵,典型的天线有偶极天线(又称为对称天线)、环形天线、长导线天线、同相水平天线、八木天线(又称为八木-宇田天线)、菱形天线和鱼骨形天线等。相比于初期的长波天线,这些天线有较高的增益、较强的方向性和较宽的频带,之后一直得到使用并不断被改进。在这一时期,天线理论也得到了发展。

2. 面天线时期

H. R. Hertz 在 1888 年首先使用了抛物柱面天线,但由于当时没有相应的振荡源,面天线的发展出现了停滞,直到 20 世纪 30 年代才随着微波电子管的出现陆续研制出各种面天线。这时已有类比于声学方法的喇叭天线、类比于光学方法的抛物反射面天线和透镜天线等,这些天线利用波的扩散、干涉、反

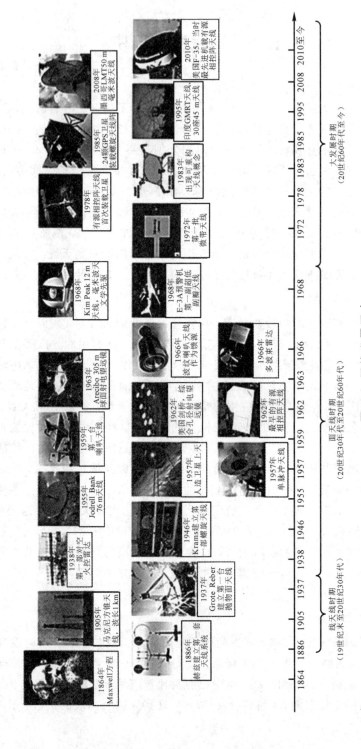

图1.1 天线发展历史

射、折射和聚焦等原理获得窄波束和高增益。第二次世界大战期间出现的雷达大大促进了微波技术的发展。为了迅速捕捉目标，研究者研制出了波束扫描天线，并利用金属波导和介质波导研制出了波导缝隙天线和介质棒天线，以及由它们组成的天线阵。在面天线基本理论方面，建立了几何光学法、物理光学法和口径场法等理论。当时，天线的理论还不够完善，但由于战事的迫切需要，天线的实验研究成了研制新型天线的重要手段，因此出现了测试条件和误差分析等概念，提出了现场测量和模型测量等方法。在面天线有较大发展的同时，线天线理论和技术也有所发展，如阵列天线的综合方法等。从第二次世界大战结束到 20 世纪 50 年代末，与微波中继通信、对流层散射通信、射电天文和电视广播等工程技术相关的天线设备有了很大的发展，这时出现了用于分析天线公差的统计理论及发展了天线阵列的综合理论等。1957 年，美国研制了第一部靶场精密跟踪雷达 AN/FPS-16，随后各种单脉冲天线相继出现，同时频率扫描天线也付诸应用。在 20 世纪 50 年代，宽频带天线的研究有所突破，产生了非频变天线理论，出现了等角螺旋天线、对数周期天线等宽频带或超宽频带天线。

3. 大发展时期

20 世纪 50 年代以后，人造地球卫星和洲际导弹的成功研制对天线提出了一系列新的要求，如天线要具有高增益、高分辨率、圆极化、宽频带、快速扫描和精确跟踪等性能。从 20 世纪 60 年代到 70 年代初期，天线的发展空前迅速，具体表现在两个方面：一方面是大型地面站天线的修建和改进，例如卡塞格伦天线的出现、正副反射面的修正、波纹喇叭高效率天线馈源和波束波导技术的应用等；另一方面是沉寂了将近 30 年的相控阵天线由于新型移相器和电子计算机的问世，以及多目标同时搜索与跟踪等功能的需求，重新受到重视并获得了广泛应用和发展。到 20 世纪 70 年代，由于无线电频道的拥挤和卫星通信的发展，反射面天线的频率复用、正交极化以及多波束天线开始受到重视；同时，无线电技术向波长越来越短的毫米波、亚毫米波以及光波方向发展，出现了介质波导天线、表面波天线和漏波天线等新型毫米波天线。此外，在阵列天线方面，由线阵发展到圆阵，由平面阵发展到共形阵，信号处理天线、自适应天线、合成孔径天线等技术也都进入了实用阶段。同时，由于电子对抗的需要，超低副瓣天线也得到了快速发展。由于高速大容量电子计算机的成功研制，20 世纪 60 年代发展起来的矩量法和几何绕射理论在天线的理论计算和设计方面得到了应用。这两种方法解决了过去无法解决或难以解决的大量天线问题。随着电路技术向集成化方向发展，微带天线引起了人们的广泛关注和研究，并在飞行器上获得了应用。同时，由于遥感技术和空间通信的需要，天线在有耗媒质、等离子体中的辐射特性及瞬时特性等问题也开始受到重视。这一时期，天线的结构和工艺也取得了很大的进展，如制成了口径为 100 m、可全向转动的高精度射电望远镜天线，还研制了单元数接近 2 万个的大型相控阵和高度超过 500 m 的天线塔。在天线测量方面，这一时期出现了基于微波暗室的近场测量技术以及利用天体射电源进行天线测量的技术，并创立了用计算机控制的自动化测量系统等。这些技术的运用解决了大型天线的测量问题，提高了天线测量的精度和速度。

当今，各式各样的天线已广泛应用于通信、射电天文、雷达、导航、广播电视、卫星气象、遥感等领域。下面对天线的分类进行简要介绍。

1.3　天线的分类

按天线工作原理的不同，天线可分为线天线和口径天线两类。线天线是由导线组成的（导线的长度比横截面大得多），一般用在长、中、短波波段；口径天线则是由整块金属板或导线栅格组成的（辐射面的面积比波长的平方大得多），一般用在微波波段。随着天线技术的发展，已经出现了许多新型天线，如微带天线、缝隙天线、合成孔径天线、相控阵天线等。实际上，天线的种类是多种多样的，依据不同的原则可进行不同的分类，具体如图 1.2 所示。

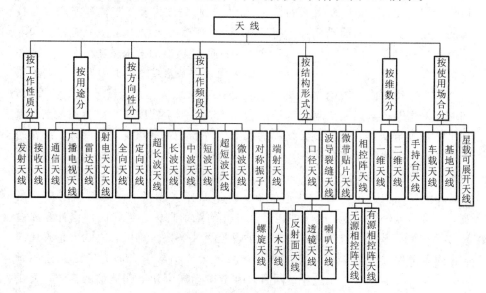

图 1.2　天线的分类

　　图1.3、图1.4、图1.5分别给出了三类代表性天线即反射面天线、星载可展开天线和相控阵天线的分类情况。

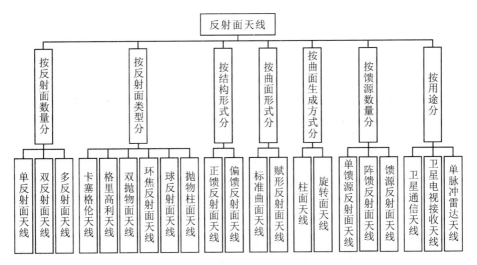

图 1.3　反射面天线的分类情况

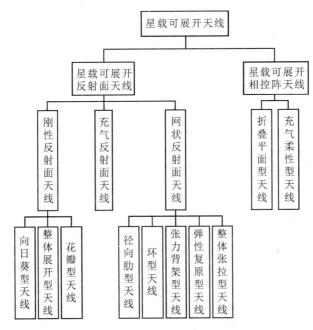

图 1.4　星载可展开天线的分类情况

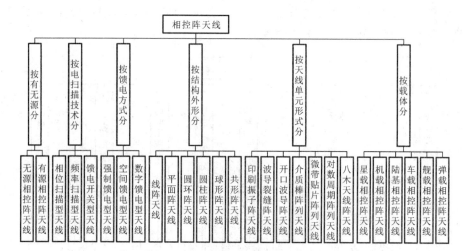

图 1.5　相控阵天线的分类情况

从图1.3可以看出，反射面天线最直观的分类方法是按照反射面数量的多少进行划分。反射面天线的优点是具有高增益，因此，在远距离无线电通信和高分辨率雷达领域，反射面天线是应用最为广泛的高增益天线。从图1.4可以看出，星载可展开天线的常见结构形式也是反射面天线。工程中常见的是单反射面天线和双反射面天线。

单反射面天线又称为前馈式抛物面天线，它是由辐射器（即馈源）和抛物面形状的反射体两部分组成的，如图1.6所示，其中 D 为天线口径，F 为天线焦距。辐射器由弱方向性的天线构成，如半波振子、喇叭天线等。抛物面形状的反射体的形式很多，有旋转抛物面、抛物柱面、切割抛物面等。

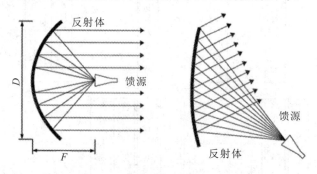

图 1.6　前馈式抛物面天线结构

双反射面天线由辐射器、主反射面、副反射面三部分组成。双反射面天线的形式很多，其中常用的是卡塞格伦天线与格里高利天线，如图1.7所示。卡塞格伦天线的主反射面是抛物面，副反射面是双曲面，双曲面的一个虚焦点放在抛物面的实焦点上，而将馈源相位中心放在双曲面的另一个虚焦点上。格里高利天线的主反射面也是抛物面，但是副反射面是椭球面，馈源相位中心和抛物面焦点分别放在椭球面的两个焦点上。

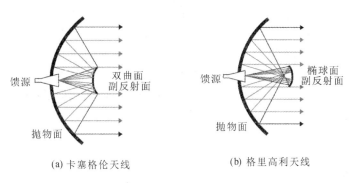

(a) 卡塞格伦天线　　　　　　　　　(b) 格里高利天线

图 1.7　双反射面天线

卡塞格伦天线的主要优点是：馈源可放在抛物面顶点附近，馈线较短，减小了相位不平衡和信号损失，低噪声接收机放在反射体后面，使接收机与馈源靠得很近，便于调整和维护；从馈源辐射出来后漏掉的电磁波指向天空，虽然它使主瓣变宽，但减小了后向辐射；用短的焦距可以实现长焦距的性能，减小了天线的纵向尺寸；可用作双波段天线，两个波段的辐射器分别放在双曲面的两个焦点上，一个放在抛物面顶点附近，一个放在抛物面的焦点上，两个波段辐射的波极化互相垂直，一个是水平极化，一个是垂直极化，副反射面采用栅条反射面，栅条的方向与位于抛物面焦点处馈源辐射波的电场矢量垂直，这样电磁波不受双曲面阻挡，而位于抛物面顶点附近焦点上的另一个波段辐射器发射的电磁波由双曲面全部反射，产生两次反射的聚束作用。卡塞格伦天线的主要缺点是副反射面及其支架的口径遮挡较大，使天线副瓣加大，有效口径面减小。格里高利天线有与卡塞格伦天线类似的特点。

反射面天线的扫描方式是机械扫描，天线通过方位转动和俯仰转动来跟踪目标，因此，将反射面天线应用到雷达领域时，由于天线的机械惯性，运动速度不能很快，数据率低，对高速多目标的测量不能满足作战的需要，尤其是远程雷达的天线尺寸大、重量重，用机械的方法来进行快速扫描更是非常困难，甚至难以实现。为解决这个问题，出现了天线波束能在空间快速扫描的电扫描天线。该天线只需几微秒即可使波束从空间一个方向转向另一个方向，而机械扫描往往至少需十几秒。电扫描天线有两种：一种是通过移相器改变电磁波的相位来实现波束扫描，这种天线称为相控阵天线或相扫天线；另一种是通过改变电磁波的频率引起口径面上相位的改变来实现波束扫描，这种天线称为频扫天线，本质上是相扫天线的一种特殊类型。相控阵天线是由许多天线辐射单元按一定规律排列而成的。天线辐射单元一般为半波振子、喇叭、裂缝天线等，少的有几百个，多的可达几千甚至上万个。利用电子计算机控制阵列天线的各个移相器，改变天线阵中各个辐射单元的相位即可实现波束扫描。这时天线的几何位置不变，因此，扫描速度不受机械惯性限制。

反射面天线因具有结构简单、增益高、波束窄等优点而被广泛应用在射电天文领域，是射电望远镜的重要组成部分；相控阵天线因具有电扫描的优点而被广泛应用在雷达中，是雷达实现发射和接收电磁波的功能部件。下面对射电望远镜和雷达的发展概况做简要介绍。

1.4　射电望远镜发展概况

射电望远镜（Radio Telescope，简称"射电天线"或"天线"）是观测和研究天体辐射电波的基本设备，可以用来测量天体射电强度、频谱和偏振等信息，其组成包括用来收集辐射电波的天线、用来放大射电信号的高灵敏度接收机、用来处理和显示信息的系统等。20 世纪 60 年代，脉冲星、类星体、宇宙微波背景辐射和星际有机分子是天文学领域的四项重要发现，均与射电望远镜有关。

在很多人看来，射电望远镜不过就是一口"大锅"罢了，其实，射电望远镜不一定都是"大锅"形状。1931 年，射电天文学鼻祖、美国著名无线电工程师卡尔·央斯基（Karl Guthe Jansky）研制了一台由天线和接收机组成的设备，如图 1.8 所示，其外形酷似"旋转木马"，因此被称为"旋转木马"射电望远镜。卡尔·央斯基利用这台射电望远镜发现了来自银河系中心的射电辐射，标志着射电天文学的诞生。图 1.9 展示了射电天文望远镜的发展方向。作为天文望远镜的一种，射电望远镜是捕捉宇宙中电磁波信息的重要工具，几十年来它经历了从小口径到大口径、从米波段到毫米波段、从单天线到多天线、从地面到太空的发展历程。

雷伯射电望远镜是世界上第一台使用抛物面的射电望远镜。该望远镜的口径为 9.6 m，工作波长最初为 1.87 m，改进后波长为 0.6 m，部分结构采用了木质材料，总重约 2 t。1941 年，雷伯用这台射电望远镜进行了人类历史上的第一次射电巡天，发现了天鹅座、仙后座和人马座等三个强射电源，获得了人类历史上第一幅银河系射电天图。

图 1.8　"旋转木马"射电望远镜

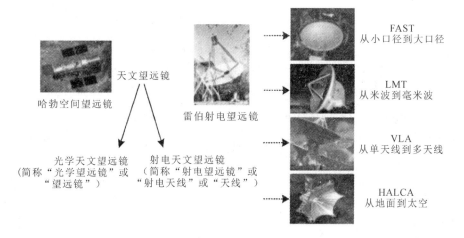

天文望远镜

哈勃空间望远镜　　　　雷伯射电望远镜

FAST
从小口径到大口径

LMT
从米波到毫米波

VLA
从单天线到多天线

HALCA
从地面到太空

光学天文望远镜　　　　射电天文望远镜
（简称"光学望远镜"或　（简称"射电望远镜"或
"望远镜"）　　　　　　"射电天线"或"天线"）

图 1.9　射电天文望远镜的发展方向

　　射电望远镜除采用抛物面天线外，也可采用抛物柱面天线，但抛物柱面天线的效率较低，一般应用于低频或有特殊需求的场合。例如，天籁项目中用于暗能量射电探测的阵列就采用了抛物柱面天线。球面天线具有良好的对称性，可以固定不动，突破了旋转抛物面射电望远镜口径的技术限制，满足更大口径射电望远镜的建设需求，但由于球面不能将平行光汇聚到一点，因此需要进行相差的二次修正。最具代表性的球面天线是美国 Arecibo 305 m 射电望远镜。

　　位于中国贵州的 500 m 口径球面射电望远镜 FAST 在静止时其反射面是球面。与 Arecibo 305 m 射电望远镜不同的是，在跟踪射电源时 FAST 通过主动索网和控制技术将反射面实时调整成旋转抛物面，兼顾了球面与旋转抛物面射电望远镜的优势，在保证天线效率的同时能够突破全可动旋转抛物面射电望远镜的技术瓶颈。

灵敏度和角分辨率是评价一台射电望远镜好坏的重要指标。灵敏度决定了射电望远镜对微弱信号的观测能力，而角分辨率则决定了射电望远镜对射电源细节的空间分辨能力。这两个指标均与射电望远镜口径有关，口径越大，灵敏度越高，角分辨率也越高。射电望远镜所能汇聚的信号强度与等效接收面积成正比，对于旋转抛物面天线来说，也就是与口径的平方成正比。射电望远镜的角分辨率与波长成反比、与天线口径成正比，在一定观测波长下，角分辨率要求越高，所需要的射电望远镜的口径就越大。射电信号非常微弱，为了观测更弱更远的射电源，并分辨多个非常邻近的射电源，需要尽可能提高射电望远镜的口径。因此，提高射电望远镜口径就成为天文学家孜孜不倦追求的目标。

最早的雷伯射电望远镜的口径不到 10 m，而今球面射电望远镜 FAST 的口径已经达到了 500 m。1957 年在英国曼彻斯特建造了当时最大口径全可动抛物面 Lovell 76 m 射电望远镜。20 世纪 60 年代相继建成了美国国家射电天文台的 42.7 m 射电望远镜，加拿大的 46 m 射电望远镜。1961 年澳大利亚建成了南半球口径最大的 Parkes 64 m 射电望远镜，同一时期建成的还有美国国家射电天文台的 91 m 射电望远镜和美国 Arecibo 305 m 固定式球面射电望远镜。1972 年德国马普实验室建成了当时世界上最大的全可动 Effelsberg 100 m 射电望远镜。2000 年美国国家射电天文台在西弗吉尼亚州建成了全可动射电望远镜 GBT(Green Bank Telescope)，该天线主反射面的尺寸为 100 m×110 m。

20 世纪八九十年代，我国建成了上海佘山 25 m 和新疆南山 25 m 射电望远镜，其中新疆南山 25 m 射电望远镜在 2015 年改造成 26 m 射电望远镜。随着我国射电天文学的发展和深空探测活动的启动，2006 年建成了北京密云 50 m 和云南昆明 40 m 射电望远镜，2012 年建成了上海天马 65 m、黑龙江佳木斯 66 m 和新疆喀什 35 m 射电望远镜，2014 年建成了陕西洛南 40 m 脉冲星观测射电望远镜，2016 年建成了贵州 FAST 500 m 射电望远镜(这是目前世界上最大的单口径射电望远镜)，2020 年建成了天津武清 70 m 射电望远镜(主要用于火星探测任务)。除此之外，我国目前正在建设多部大口径射电望远镜，例如新疆奇台 110 m 主动主反射面射电望远镜和云南景东 120 m 射电望远镜。在我国探月工程中，北京密云 50 m、云南昆明 40 m、上海天马 65 m、黑龙江佳木斯 66 m、新疆喀什 35 m 等射电望远镜为数据接收和测控的顺利完成贡献了重要力量；北京密云 50 m、云南昆明 40 m、上海天马 65 m(或佘山 25 m)和新疆南山 26 m(改造前为 25 m)等射电望远镜组成 VLBI 网，实现了嫦娥系列探测器的高精度测轨。中国用于深空探测的主要射电望远镜如图 1.10 所示。

天津武清70 m射电望远镜

新疆喀什35 m电望远镜

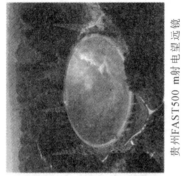

贵州FAST500 m射电望远镜

黑龙江佳木斯66 m射电望远镜

上海天马65 m射电望远镜

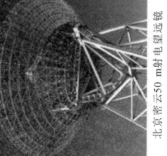

北京密云50 m射电望远镜

云南昆明40 m射电望远镜

新疆南山26 m射电望远镜

图1. 10 中国用于深空探测的主要射电望远镜

1.5 雷达发展概况

雷达的英文名称为 Radar，是 Radio Detection and Ranging 的简称，即无线电探测与测距，在 20 世纪初被提出。雷达是一种利用电磁波来发现目标并测定其位置、速度和其他特性的电子装备，它模仿了蝙蝠在夜间飞行捕食的过程，其工作原理是通过天线发出无线电波，无线电波遇到障碍物反射回来，反射波经过数据处理之后在显示屏上显示目标。雷达可以探测飞机、导弹、卫星、舰艇、车辆以及建筑物、山川、地形、云雨等多种目标，因此，在警戒、引导、武器控制、侦察、航行保障、气象观测等领域得到了广泛应用。特别是在军事领域，雷达将电磁波对目标的检测、定位、跟踪、成像、识别的功能发挥得淋漓尽致。

雷达的发展大致经历了以下几代。

第一代雷达（约 1924—1938 年）：基于电磁波反射原理，简单实现了一些功能，例如测距、测量电离层的高度等，它所利用的频段仅有几十兆赫兹，分辨力和精度都很低，测距仅有几十千米。

第二代雷达（约 1939—1970 年）：采用电子管和磁控管，工作频率达到几百兆赫兹到几十万兆赫兹，提高了雷达的分辨力和精度，实现了机载雷达小型化；技术上主要采用了动目标显示、单脉冲测角和跟踪、脉冲压缩等技术，实现了动目标探测与测速功能，测距达到几千千米，并能跟踪超音速飞机。

第三代雷达（约 1971—1999 年）：得益于电子计算机、微处理器、微波集成电路和大规模数字集成电路的应用，其性能得到了大幅提升，同时体积和重量逐步减小，可靠性进一步提高。在雷达新体制、新技术方面，1971 年加拿大伊朱卡等人发明全息矩阵相控阵雷达，与此同时，数字雷达技术在美国出现，主要以相控阵雷达为主。相控阵雷达的优点有：波束指向灵活，能实现无惯性快速扫描，数据率高；单部雷达可同时形成多个独立波束，分别实现搜索、识别、跟踪、制导、无源探测等多种功能；目标容量大，可同时监视、跟踪数百个目标；对复杂目标环境的适应能力强；抗干扰性能好。相控阵雷达与机械扫描雷达相比，其扫描更灵活、性能更可靠、抗干扰能力更强，能快速适应战场条件的变化。

第四代雷达（约 2000 年至今）：利用更加微小和可靠的器件，进一步减小了雷达的体积和重量。把雷达安装在能适应各种环境的雷达车上，可增加雷达的机动性。在雷达新体制、新技术方面，这一代雷达由二坐标发展到三坐标，更加地自动化和人性化。

1.6 微波的特性及效应

天线的基本功能是辐射和接收电磁波。工作在分米波、厘米波、毫米波以及亚毫米波等微波波段的天线称为微波天线。微波是一种频率极高、波长很短的电磁波。微波的"微"是指其波长比普通无线电波波长更微小，因此也称微波为"超高频电磁波"，是无线电波中一个有限频带的简称。微波具有易于集聚成束、高度定向性以及直线传播的特性，可在无阻挡的视线自由空间传输高频信号。下面简要介绍微波的特性和效应。

1. 微波的特性

微波的主要特性如下：

(1) 具有似光性。微波波段的波长与无线电设备的线长度和地球上一般物体(如飞机、舰船、导体、建筑物等)的尺寸相当或者小得多，当微波照射到这些物体上时，将产生显著的反射、折射，这与光很相似，同时，微波的传播特性也与几何光学相似，能够像光一样直线传播，且易于集中，即具有似光性。利用微波的似光性可以获得方向性极好、体积小的天线设备，用于接收地面上、宇宙空间中各种物体发射或者反射回来的微弱信号，从而确定物体的方向与距离，这就是雷达及导航技术的基础。

(2) 大气环境可吸收和反射微波。自然界的雨、雪、云、雾对微波都有不同程度的吸收和反射，利用这一特性，可用厘米波或毫米波来观测雨、雪、云、雾的存在和流动特性。气象雷达就是利用这一特性来预报邻近地区的天气变化情况的。

(3) 可穿透电离层。地球被一层厚厚的大气所包围，因受到太阳的辐射，距离地球表面 60～400 km 高度范围内的高空大气被电离形成一个电离层，频率较低的无线电波不能穿透电离层而被电离层反射回来。然而微波具有较高的频率，它能穿透电离层，利用这一特性，卫星通信成为现实。

(4) 信息容量大。微波的频率很高，在不大的相对带宽下，其可用的频带很宽，可达数百甚至上千兆赫兹，这是低频无线电波无法比拟的，这意味着微波的信息容量大。所以，现代多路通信系统，包括卫星通信系统，几乎都工作在微波波段。

(5) 具有散射特性。当微波入射到物体上时会在输入方向以外的方向上出现散射，散射是入射波和该物体相互作用的结果，因此，散射波携带了大量的物体信息。基于微波的散射特性，通过提取不同物体的散射特性信息，可实现对物体的识别。微波遥感和微波成像正是基于这一特性而实现的。

2. 微波的四种效应

1）渡越时间效应

渡越时间是指真空管里的电子从阴极渡越到阳极的时间或晶体管里的载流子渡越基区的时间。这个时间十分短暂，一般为 10^{-9} s，与频率为几兆赫兹的振荡周期相比可忽略不计。在微波波段，电子的渡越时间可以等于甚至大于微波的振荡周期，低频的真空管或晶体管根本无法在微波频率上工作，因此，微波波段要采用原理和结构全新的器件，从而有效利用电子的渡越时间效应。

2）辐射效应

当一根导线的长度与加载在其上的高频电流波长可相比拟时，这根导线将显著地向空间辐射能量，如同一副天线，这种辐射效应也称为天线效应。

3）趋肤效应

交流电具有趋肤效应，即电流流动趋向于导体表面的薄层。趋肤效应在较低频段并不显著，但在微波波段却影响很大，趋肤深度几乎趋于零。例如，5 GHz 时铜的趋肤深度约为 $1\mu m$，导线呈现的电阻很大。因此，金属波导的内壁表面经常镀银或镀金。

4）热效应

有耗介质中的分子受到微波辐射后会相互摩擦而引起物质的温度升高，这就是微波的热效应。因此，水、含水或含脂肪的物质对微波有吸收作用，利用物质吸收微波所产生的热效应可对物质进行加热。因为各种物质对微波的吸收能力不同，所以微波对各种物质的加热具有选择性。

第 2 章 天线电磁基础

英国詹姆斯·克拉克·麦克斯韦在 1864 年集以往电磁学实践与理论研究之大成，创立了适用于一切宏观电磁场的普遍方程组——麦克斯韦方程组。基于该方程组建立的电磁场理论是求解天线和其他电磁学问题的理论基础。为了衡量天线性能的优劣，定义了一系列电磁参数，本章就天线相关电磁参数做简要介绍。

2.1 麦克斯韦方程组

麦克斯韦方程组是在实验的基础上总结出来的，它由 4 个方程组成，其微分形式如下：

$$
\begin{cases}
\nabla \times \boldsymbol{E} = -\dfrac{\partial \boldsymbol{B}}{\partial t} & \text{（法拉第电磁感应定律）} \\[2mm]
\nabla \times \boldsymbol{H} = \boldsymbol{J} + \dfrac{\partial \boldsymbol{D}}{\partial t} & \text{（麦克斯韦-安培定律）} \\[2mm]
\nabla \cdot \boldsymbol{D} = \rho & \text{（高斯定律）} \\[2mm]
\nabla \cdot \boldsymbol{B} = 0 & \text{（高斯磁定律）}
\end{cases}
\tag{2-1}
$$

式中：∇ 为微分算子；$\boldsymbol{H}$ 为磁场强度（A/m）；$\boldsymbol{E}$ 为电场强度（V/m）；$\boldsymbol{B}$ 为磁通量密度（T）；$\boldsymbol{D}$ 为电通量密度（C/m²）；$\boldsymbol{J}$ 为自由电流密度（A/m²）；ρ 为自由电荷密度（C/m³）。

麦克斯韦方程组表明：

（1）不仅电荷能产生电场，电流能产生磁场，而且时变电场能产生磁场，时变磁场能产生电场，从而揭示出电磁波的存在。

（2）高斯磁定律表明，空间的磁力线既没有起点也没有终点，磁场线会形成循环或者延伸至无穷远。从物理意义上说，磁单极子并不存在，即不存在自由磁荷，或者严格地说，人类至今还没有发现自由磁荷。

（3）高斯定律描述了电场是怎样由电荷生成的，对时变电场和静止电荷都成立，表明电场是有通量源的场。

（4）时变场中电场的散度和旋度都不为零，所以电力线起于正电荷，止于负电荷；而磁场的散度恒为零，旋度不为零，所以磁力线是与电流交链的闭合曲线，并且磁力线与电力线相互交链。在远离场源的无源区域中，电场和磁场的散度都为零，此时电力线和磁力线将自行闭合，相互交链，在空间形成电磁波。

对于均匀、线性、各向同性的媒质（称为简单媒质），复场量之间有以下本构关系：

$$\begin{cases} \boldsymbol{D} = \varepsilon \boldsymbol{E} \\ \boldsymbol{B} = \mu \boldsymbol{H} \\ \boldsymbol{J} = \sigma \boldsymbol{E} \end{cases} \qquad (2-2)$$

式中：ε 为介电常数；μ 为磁导率；σ 为电导率。

天线工程中求解的是天线周围空气中的电磁场，空气媒质一般可作为真空来近似。对于真空，有

$$\begin{cases} \varepsilon = \varepsilon_0 = 8.854 \times 10^{-12} \approx \dfrac{1}{36\pi} \times 10^{-9} \ \text{F/m} \\ \mu = \mu_0 = 4\pi \times 10^{-7} \ \text{H/m} \\ \sigma = 0 \end{cases} \qquad (2-3)$$

式中：ε_0 为真空介电常数；μ_0 为真空磁导率。

对于时谐电磁场（又称为正弦电磁场），采用复场量表示，并利用上述本构关系，可得到下述限定形式（限于给定媒质）的复麦克斯韦方程组：

$$\begin{cases} \nabla \times \boldsymbol{E} = -\mathrm{j}\omega\mu\boldsymbol{H} \\ \nabla \times \boldsymbol{H} = \boldsymbol{J} + \mathrm{j}\omega\varepsilon\boldsymbol{E} \\ \nabla \cdot \boldsymbol{E} = \dfrac{\rho}{\varepsilon} \\ \nabla \cdot \boldsymbol{H} = 0 \end{cases} \qquad (2-4)$$

由于电场强度 $\boldsymbol{E}$ 和磁场强度 $\boldsymbol{H}$ 可分别由其旋度和散度唯一地确定，因此方程组（2-4）是确定电场和磁场的完整方程组。另外，在天线问题中，通常将 $\boldsymbol{J}$ 作为独立场源。

除了麦克斯韦方程组，描述空间电场、磁场之间以及场与电荷、电流之间的函数关系还包括边界条件方程、电流连续性方程、媒质特性方程以及由它们推导出来的电磁场波动方程，上述方程统称为电磁场基本方程。它是一切宏观电磁现象所遵循的普遍规律。

2.2　天线辐射场区

天线辐射场区一般分为三个区域：远场区、辐射近场区和感应近场区。源点到场点的距离 R 的泰勒级数展开式为

$$R=r-\rho\cos(r,\ \rho)+\frac{1}{2}\frac{\rho^2}{r}\sin^2(r,\ \rho)+\frac{1}{2}\frac{\rho^3}{r^2}\cos(r,\ \rho)-\frac{\rho^4}{8r^3}+\cdots \quad (2-5)$$

式中：ρ 为源点到天线中心或坐标原点的距离；r 为天线任意源点到场点的距离。如果天线的电尺寸 D/λ（口径与波长比值）不大，则远场区的近似条件可表示为

$$\begin{cases} R\approx r-\rho\cos(r,\ \rho) & \text{（相位）} \\ R\approx r & \text{（振幅）} \end{cases} \quad (2-6)$$

辐射近场区的近似条件可表示为

$$R\approx r-\rho\cos(r,\ \rho)+\frac{1}{2}\frac{\rho^2}{r}\sin^2(r,\ \rho) \quad (2-7)$$

辐射近场区的上界就是远场区的下界，辐射近场区的下界就是感应近场区的上界。感应近场区的上界的要求是电抗场的强度不超过辐射场的百分之一，对于距离而言就是 r 大于或等于 8 倍波长。

2.3　辐 射 方 向 图

天线的辐射方向图是辐射参量在不同空间方向的图形表示。辐射参量包括辐射的功率通量密度、场强、相位、极化等。如图 2.1 所示的坐系，假设天线位于坐标原点，在距离天线等距球面上，天线在各点产生的辐射功率通量密度或场强（电场或磁场）与空间方向（θ，ϕ）的关系曲线称为功率方向图或场强方向图。

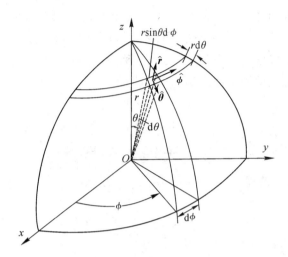

图 2.1 天线坐标系

令远场区球面上任意方向(θ, ϕ)某点处的场强幅值为$|E(\theta, \phi)|$，假设其最大值为E_{max}，则描述方向图的函数可表示为

$$F(\theta, \phi) = \frac{|E(\theta, \phi)|}{E_{max}} \tag{2-8}$$

该函数称为归一化方向图函数。对于电流元，有$F(\theta, \phi) = F(\theta) = \sin\theta$。

图 2.2 所示是一个电流元方向图的立体图形(已剖开)。通常在两个相互垂直的主平面上画出方向图。有了这两个主平面上的方向图，整个三维的方向图也就可以设想出来了。通常采用的两个主平面是 E 面和 H 面，E 面是最大辐射方向与电场矢量所在的平面，H 面是最大辐射方向与磁场矢量所在的平面。对于电流元，含振子面就是 E 面，垂直振子面就是 H 面。用极坐标画的电流元 E 面方向图如图 2.3(a)所示，矢径长度表示为 $F(\theta) = |E(\theta)|/E_{max} = \sin\theta$，$\theta = 90°$时，其值为 1，$\theta$ 为其他角度时，其值为 $\sin\theta$，轴向($\theta = 0°$ 和 $180°$)时，其值为 0。可见，E 面方向图呈轴对称的∞形状。电流元 H 面方向图如图 2.3(b)所示，为一圆，这是因为$\theta = 90°$时，对不同的 ϕ，均有 $|E(\theta)|/E_{max} = 1$，说明这是轴对称的方向图。

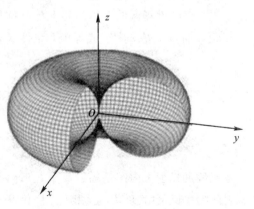

图 2.2 电流元方向图的立体图形

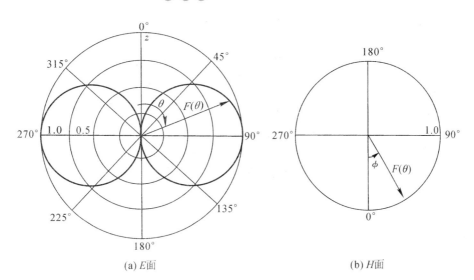

(a) E 面　　　　　　　(b) H 面

图 2.3　电流元 E 面和 H 面方向图

2.4　天线方向性系数与天线增益

1. 天线方向性系数

天线方向性系数 D（又称天线方向增益）是表征天线所辐射的能量在空间分布情况的物理量，定义为在相同辐射功率的情况下，天线的辐射强度 $P(\theta, \phi)$ 与平均辐射强度 $P_r/(4\pi)$ 的比值，其中 P_r 为天线辐射总功率，下标 r 表示辐射的含义。由于辐射强度正比于电场强度的平方，因此有

$$D(\theta, \phi) = \frac{P(\theta, \phi)}{P_r/(4\pi)} = \frac{E^2(\theta, \phi)}{E_0^2} \tag{2-9}$$

式中：$E(\theta, \phi)$ 是天线在 (θ, ϕ) 方向上某点产生的场强；E_0 是具有相同辐射功率的点源在同一点产生的场强。

可以看出天线方向性系数的物理意义为：在辐射功率相同的情况下，有方向性天线在最大辐射方向的场强是无方向性天线场强的 $\sqrt{D}$ 倍，即对最大辐射方向而言，天线的方向性使辐射功率增大到 D 倍。因此，$P_r D$ 称为天线在该方向上的等效辐射功率。若要求在最大辐射方向场点产生相同场强（$E_{\max} = E_0$），则有方向性天线的辐射功率只需为无方向性天线的辐射功率的 $1/D$。

以上两方面都说明，对最大辐射方向而言，天线就是辐射功率的放大器。这是一种空间放大器，这个放大器通过对辐射功率的空间分配来增大最大辐射方向的功率密度。因此，许多应用中要求天线方向性系数足够大。

上述讨论表明，天线方向性系数由场强在全空间的分布情况决定。若方向图的函数已给定，则 D 就确定了，即 D 可由方向图的函数 $F(\theta, \phi)$ 算出：

$$D = \frac{4\pi}{\int_0^{2\pi} \int_0^{\pi} F^2(\theta, \phi)\sin\theta \, d\theta \, d\phi} \tag{2-10}$$

若 $F(\theta, \phi) = F(\theta)$，即方向图关于 z 轴对称，与 ϕ 无关，则

$$D = \frac{2}{\int_0^{\pi} F^2(\theta)\sin\theta \, d\theta} \tag{2-11}$$

可以看到，主瓣越窄，分母积分越小，因而 D 越大。

2. 天线增益

天线方向性系数表征天线辐射电磁能量的集束程度。天线效率表征天线能量的转换效率。将这两者结合起来，用一个数字表征天线辐射能量集束程度和能量转换效率的总效益，称为天线增益。天线增益 G 定义为天线在最大辐射方向上，远场区某点的辐射强度 $P(\theta, \phi)$ 与天线以同一输入功率 P_{in} 向空间均匀辐射的辐射强度 $P_{\text{in}}/(4\pi)$ 之比，即

$$G = \frac{P(\theta, \phi)}{P_{\text{in}}/(4\pi)} \tag{2-12}$$

将式(2-9)代入式(2-12)，得

$$G = 4\pi \frac{P(\theta, \phi)}{P_{\text{r}}} \frac{P_{\text{r}}}{P_{\text{in}}} = D(\theta, \phi)\eta_{\text{A}} \tag{2-13}$$

其中，η_{A} 称为天线的辐射效率，是天线辐射总功率与馈线输入功率之比。

可见，天线增益是天线方向性系数和辐射效率这两个参数的结合。通常所说的天线增益都是指天线在最大辐射方向的增益，即

$$G = 4\pi \frac{P_{\max}}{P_{\text{in}}} = D\eta_{\text{A}} \tag{2-14}$$

工程上设计天线时，经常对天线增益进行简单估算。以反射面天线为例，其增益的近似计算公式为

$$G = \frac{4\pi A}{\lambda^2}\gamma \tag{2-15}$$

式中：A 为天线口径面积；γ 为口面利用系数，或称口径效率，一般为 0.4~0.5，对于高效率的天线可达 0.7 左右。产生口径效率的主要原因是：辐射器的能量

未全部投射到反射面上；口径的不均匀照射；馈源及支架的遮挡；反射面表面误差等。

通常用分贝来表示增益，即

$$G(\mathrm{dB}) = 10\lg G \qquad (2-16)$$

2.5　天线阻抗

天线的输入阻抗是反映天线电路特性的电参数，定义为天线在输入端所呈现的阻抗。如图 2.4 所示，在线天线中，输入阻抗 Z_{in} 等于天线的输入端电压 U_{in} 与输入端电流 I_{in} 之比，或用输入功率 $P_{\mathrm{in}}^{\mathrm{e}}$ 来表示，即

$$Z_{\mathrm{in}} = \frac{U_{\mathrm{in}}}{I_{\mathrm{in}}} = \frac{\frac{1}{2}U_{\mathrm{in}}I_{\mathrm{in}}^{*}}{\frac{1}{2}I_{\mathrm{in}}I_{\mathrm{in}}^{*}} = \frac{P_{\mathrm{in}}^{\mathrm{e}}}{\frac{1}{2}\left|I_{\mathrm{in}}\right|^{2}} = R_{\mathrm{in}} + \mathrm{j}X_{\mathrm{in}} \qquad (2-17)$$

式中：I_{in}^{*} 为输入电流 I_{in} 的共轭。输入功率 $P_{\mathrm{in}}^{\mathrm{e}}$ 包括实输入功率 P_{in} 和虚输入功率。式(2-17)表明输入电阻 R_{in} 和输入电抗 X_{in} 分别对应于输入阻抗 Z_{in} 的实部和虚部。

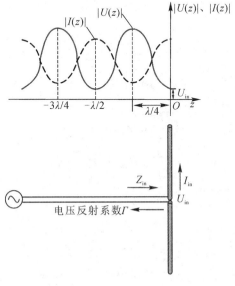

图 2.4　线天线输入阻抗示意图

　　发射天线的主要功能是将束缚波转换为辐射波，接收天线的功能与发射天线的功能相反。虽然连接到天线的传输线会将波束缚并阻止其辐射，但天线本身应该能够使电波离开结构并辐射出去。天线的输入阻抗（或简单地说是天线阻抗）将会受到附近其他天线或物体的影响，这里讨论时假设天线是孤立的。

　　式（2-17）表明，与传统电路一样，天线阻抗由实部和虚部组成。图 2.5 为发射天线等效模型，U_g、R_g 和 X_g 分别为天线前端系统的等效电压、电阻和电抗，R_{in} 和 X_{in} 分别为天线的输入电阻和输入电抗。由于天线的互易性，天线接收和发射信号时的阻抗是不变的，输入电阻 R_{in} 表示以两种方式产生的耗散，一部分是离开天线且永不返回的耗散（即辐射耗散），在天线等效模型中用电阻 R_r 表示，另一部分是集总电阻中的欧姆耗散，在天线等效模型中用电阻 R_o 表示。电小尺寸天线可能会有显著的欧姆耗散，但其他天线的欧姆耗散通常要比其辐射耗散小，输入电抗 X_{in} 表示存储在天线近场中的功率。

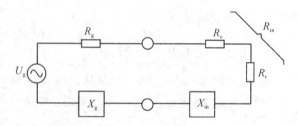

图 2.5　发射天线等效模型

天线的平均功耗是

$$P_{in} = \frac{1}{2} R_{in} \left| I_{in} \right|^2 \tag{2-18}$$

其中：I_{in} 是输入端的电流；系数 $\frac{1}{2}$ 的存在是因为电流 I_{in} 是峰值电流。输入功率经辐射耗散和欧姆耗散两部分耗散掉，则

$$P_{in} = P_r + P_o \tag{2-19}$$

$$\frac{1}{2} R_{in} \left| I_{in} \right|^2 = \frac{1}{2} R_r \left| I_{in} \right|^2 + \frac{1}{2} R_o \left| I_{in} \right|^2 \tag{2-20}$$

其中，天线的辐射耗散电阻定义为

$$R_r = \frac{2P_r}{\left| I_{in} \right|^2} \tag{2-21}$$

由式（2-20）可得

$$R_{in} = R_r + R_o \tag{2-22}$$

其中，天线的欧姆耗散电阻定义为

$$R_{\mathrm{o}}=\frac{2P_{\mathrm{o}}}{|I_{\mathrm{in}}|^{2}}=\frac{2(P_{\mathrm{in}}-P_{\mathrm{r}})}{|I_{\mathrm{in}}|^{2}} \tag{2-23}$$

2.6　天线的辐射效率

由于天线系统中存在导体损耗、介质损耗等，因此实际辐射到空间内的电磁波功率要比发射机输送到天线的功率小，有些能量被吸收并转化为热能，还有些能量被反射。天线的辐射效率就是表征天线将输入高频能量转换为无线电波能量的有效程度，定义为天线辐射的总功率与天线从馈线获得的净功率（即输入功率）之比，即

$$\eta_{\mathrm{A}}=\frac{P_{\mathrm{r}}}{P_{\mathrm{in}}} \tag{2-24}$$

其中，天线的输入功率等于辐射功率和损耗功率之和，即

$$P_{\mathrm{in}}=P_{\mathrm{r}}+P_{\mathrm{o}} \tag{2-25}$$

考虑到天线的输入电阻等于辐射电阻和损耗电阻之和，天线的辐射效率又可表示为

$$\eta_{\mathrm{A}}=\frac{P_{\mathrm{r}}}{P_{\mathrm{r}}+P_{\mathrm{o}}}=\frac{1}{1+\dfrac{R_{\mathrm{o}}}{R_{\mathrm{r}}}} \tag{2-26}$$

可以看出，要提高天线的辐射效率，应尽量提高辐射电阻，同时降低损耗电阻。工程上设计天线时，一般取天线的辐射效率为 $50\%\sim60\%$，最大值通常仅能达到 85% 左右。

此外，天线的辐射效率也定义为增益 G 与方向性系数 D 的比值，即

$$\eta_{\mathrm{A}}=\frac{G}{D} \tag{2-27}$$

一般谈及天线方向性系数或增益都是针对最大辐射方向而言的。

2.7　天 线 极 化

无界媒质中均匀平面电磁波是横电磁波（即 TEM 波）。TEM 波的电场和

磁场均垂直于传播方向。假设电磁波沿＋z方向传播，则电场和磁场均在 z 为常数的平面内。因为电场、磁场和传播方向三者之间的关系是确定的，所以通常用电场强度矢量端点随着时间在空间描绘出的轨迹来表示电磁波的极化。

对于沿＋z方向传播的均匀平面电磁波，电场强度 E 有两个频率和传播方向均相同的分量 E_x 和 E_y。电场强度的表达式为

$$E = e_x E_x + e_y E_y = (e_x E_{xm} e^{j\varphi_x} + e_y E_{ym} e^{j\varphi_y}) e^{-jkz} \qquad (2-28)$$

其中：e_x 和 e_y 分别是 x 和 y 方向的单位矢量；E_{xm} 和 E_{ym} 分别是电场强度的 x 分量和 y 分量的复振幅值；φ_x 和 φ_y 是初始相位；k 是波常数。

电场强度的两个分量的瞬时值为

$$E_x = E_{xm} \cos(\omega t - kz + \varphi_x) \qquad (2-29)$$

$$E_y = E_{ym} \cos(\omega t - kz + \varphi_y) \qquad (2-30)$$

此时，引入极化的概念来描述它们的合成场矢量 E 在等相位面上随时间的变化规律。任意极化状态是椭圆极化，图 2.6 为椭圆极化波示意图，合成场矢量 E 的方向随时间以角频率 ω 等速旋转，其与 x 轴的夹角 ω_t 随时间而变化，椭圆长轴长度为 $|2A|$，短轴长度为 $|2B|$，椭圆长轴（即 u 轴）与 x 轴的夹角为椭圆倾角 τ，定义长轴长度（$|2A|$）与短轴长度（$|2B|$）之比为轴比，则由轴比和椭圆倾角便可确定任一极化状态。若合成场矢量 E 的旋向与波的传播方向 z 成左手螺旋关系（即图中沿顺时针旋转），则称为左旋极化波；若其旋向与传播方向 z 成右手螺旋关系（即图中沿逆时针旋转），则称为右旋极化波。

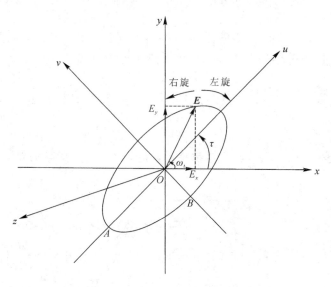

图 2.6 椭圆极化波示意图

所谓极化，是指空间任一固定点上电磁波的电场的空间取向随时间变化的方式，以 E 的矢量轨迹来描述。极化是天线的一项重要特性，通常所说的天线极化是指最大辐射方向或最大接收方向的极化。根据 E 矢端轨迹在与传播方向相垂直的横平面内的投影，极化可分为线极化、圆极化和椭圆极化，如图 2.7 所示。圆极化是椭圆极化的特例。圆极化分为左旋圆极化和右旋圆极化。若电波传播时电场的空间轨迹为一直线，它始终在一个平面内传播，则称此电波为线极化波。线极化波又有水平极化波和垂直极化波之分。当电场方向垂直或平行于地面时，此电波就称为垂直或水平极化波，如图 2.8 所示。

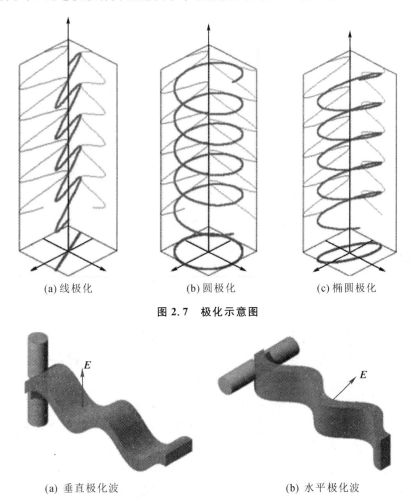

(a) 线极化 (b) 圆极化 (c) 椭圆极化

图 2.7 极化示意图

(a) 垂直极化波 (b) 水平极化波

图 2.8 垂直极化波与水平极化波示意图

2.8 频段划分

无线电波按波长可划分为超长波、长波、中波、短波、米波、分米波、厘米波、毫米波和亚毫米波，其中，分米波至亚毫米波统称为微波，是无线电波中波长最短（频率最高）的部分。微波通常指频率为 300 MHz（波长为 1 m）～3000 GHz（波长为 0.1 mm）范围内的电磁波。电磁波谱如图 2.9 所示。

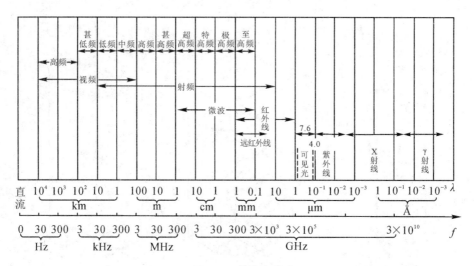

图 2.9 电磁波谱

1. 传统波段名称

通信与雷达中天线波段（频段）的传统划分如表 2.1 所示。表中部分波段的命名具有明显的历史痕迹。例如：① 最早用于搜索雷达的电磁波长为 23 cm，这一波段被定义为 L(Long)波段，后来这一波段的中心波长变为 22 cm，当波长为 10 cm 的电磁波被使用后，这一波段被定义为 S(Short)波段；② 在主要使用 3 cm 电磁波的火控雷达出现后，3 cm 波长的电磁波被称为 X 波段，因为 X 代表坐标上的某个点；③ 为结合 X 波段和 S 波段的优点，逐渐出现了使用中心波长为 5 cm 的雷达，该波段被称为 C(Compromise)波段；④ 在英国人之后，德国人也开始独立开发自己的雷达，他们选择 1.25 cm 作为自己雷达的中心波长，这一波长的电磁波就被称为 K[德语"Kurtz"(短)]波段；⑤ 由于 K 波段的波长可被水蒸气强烈吸收，因此这一波段的雷达不能在下雨和有雾的天气使用,第二次世界大战后设计的雷达为了避免这一吸收峰,通常使用频率略高于 K 波段的 Ka(K-above)波段和略低的 Ku(K-under)波段。

表 2.1 天线波段的传统划分

名称	符号	频率范围	波长范围	标称波长
甚低频	VLF	3～30 kHz	100～10 km	超长波
低频	LF	30～300 kHz	10～1 km	长波
中频	MF	0.3～3 MHz	1 km～100 m	中波
高频	HF	3～30 MHz	100～10 m	短波
甚高频	VHF	30～300 MHz	10～1 m	米波
微波波段	UHF	0.3～1 GHz	1～0.3 m	分米波
	L	1～2 GHz	30～15 cm	22 cm
	S	2～4 GHz	15～7.5 cm	10 cm
	C	4～8 GHz	7.5～3.75 cm	5 cm
	X	8～12 GHz	3.75～2.5 cm	3 cm
	Ku	12～18 GHz	2.5～1.67 cm	2 cm
	K	18～27 GHz	1.67～1.11 cm	1.25 cm
	Ka	27～40 GHz	1.11～0.75 cm	0.8 cm
	Q	33～50 GHz	0.9～0.6 cm	—
	U	40～60 GHz	0.75～0.5 cm	0.6 cm
	V	60～80 GHz	0.5～0.375 cm	0.4 cm
	W	80～100 GHz	0.375～0.3 cm	0.3 cm
	—	100～300 GHz	0.3～0.1 cm	—

2. 新波段名称

第二次世界大战后雷达的波段有三种标准:德国标准、美国标准和欧洲标准。德国标准和美国标准提出较早,内容烦琐,且不便使用,因而现在多使用欧洲标准,即以实际波长来划分波段,具体如表 2.2 所示。新旧波段符号的对应关系见图 2.10。

表 2.2　欧洲标准的天线波段划分

波段	类型	频率/GHz	波长/cm
A	米波	<0.25	>120
B	米波	0.25~0.5	120~60
C	分米波	0.5~1	60~30
D	分米波	1~2	30~15
E	分米波	2~3	15~10
F	分米波	3~4	10~7.5
G	分米波	4~6	7.5~5
H	厘米波	6~8	5~3.75
I	厘米波	8~10	3.75~3
J	厘米波	10~20	3~1.5
K	厘米波	20~40	1.5~0.75
L	毫米波	40~60	0.75~0.5
M	毫米波	60~100	0.5~0.3

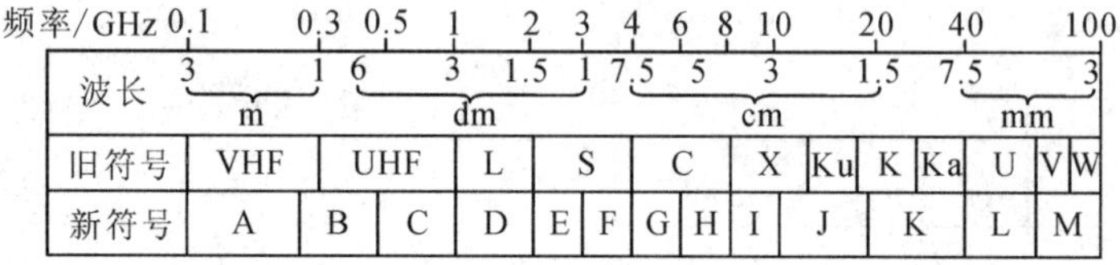

图 2.10　新旧波段符号的对应关系

2.9　常用数学函数

2.9.1　贝塞尔函数

因某些方程的解不能用初等函数表示,故引入一类特殊函数——第一类 Bessel(贝塞尔)函数。

第一类 Bessel 函数的定义式为

$$J_n(x) = \sum_{k=0}^{\infty} \frac{(-1)^k (x/2)^{n+2k}}{k!\,\Gamma(n+k+1)} \tag{2-31}$$

当 n 不为整数时，称为非整数阶 Bessel 函数；当 n 为正整数或者 0 时，称为整数阶 Bessel 函数，此时，等式 $\Gamma(n+k+1)=(n+k)!$ 成立，则整数阶 Bessel 函数可表示为

$$J_n(x) = \sum_{k=0}^{\infty} \frac{(-1)^k (x/2)^{n+2k}}{k!\,(n+k)!} \tag{2-32}$$

例如，当 n 取整数 0 时，Bessel 函数就是 0 阶 Bessel 函数 $J_0(x)$，当 n 取整数 1 时，Bessel 函数就是 1 阶 Bessel 函数 $J_1(x)$，以此类推。

高阶 Bessel 函数都可以用低阶 Bessel 函数来表示，具体关系如下：

$$J_{n+1}(x) = \frac{2n}{x}J_n(x) - J_{n-1}(x) \tag{2-33}$$

$$J_n'(x) = \frac{1}{2}\left[J_{n-1}(x) - J_{n+1}(x)\right] \tag{2-34}$$

$$J_n'(x) = J_{n-1}(x) - \frac{n}{x}J_n(x) \tag{2-35}$$

$$J_n'(x) = \frac{n}{x}J_n(x) - J_{n+1}(x) \tag{2-36}$$

$$\frac{d\left[x^n J_n(x)\right]}{dx} = x^n J_{n-1}(x) \tag{2-37}$$

$$\frac{d\left[x^{-n} J_n(x)\right]}{dx} = x^{-n} J_{n+1}(x) \tag{2-38}$$

整数阶 Bessel 函数具有如下特性：

$$J_{-n}(x) = (-1)^n J_n(x) \tag{2-39}$$

$$J_n(-x) = (-1)^n J_n(x) \tag{2-40}$$

式 (2-40) 表明，奇数阶 Bessel 函数为奇函数，偶数阶（包括 0 阶）Bessel 函数为偶函数。

根据上述特性，易知 Bessel 函数存在下列方程：

$$J_0(0) = 1 \tag{2-41}$$

$$J_0'(x) = -J_1(x) \tag{2-42}$$

假设 $J_n(ax)$ 和 $J_n(bx)$ 均满足如下方程：

$$x^2 \frac{d^2 y}{dx^2} + x \frac{dy}{dx} + (x^2 - n^2)y = 0 \tag{2-43}$$

则把 $J_n(ax)$ 和 $J_n(bx)$ 代入后，经过简单计算可得

$$(a^2 - b^2) x J_n(ax) J_n(bx) = -J_n(bx) \frac{d}{dx} \left[x \frac{d J_n(ax)}{dx} \right] + J_n(ax) \frac{d}{dx} \left[x \frac{d J_n(bx)}{dx} \right]$$

$$(2 - 44)$$

利用分部积分法 $\int u dv = uv - \int v du$ ，可得

$$(a^2 - b^2) \int x J_n(ax) J_n(bx) dx = -J_n(bx) x \frac{d J_n(ax)}{dx} + J_n(ax) x \frac{d J_n(bx)}{dx}$$

$$= x \left[J_n(ax) b J'_n(bx) - J_n(bx) a J'_n(ax) \right]$$

$$(2 - 45)$$

由 Bessel 函数特性得

$$\int x J_n(ax) J_n(bx) dx = \frac{bx J_n(ax) J'_n(bx) - ax J_n(bx) J'_n(ax)}{a^2 - b^2}$$

$$= \frac{bx J_n(ax) \left[J_{n-1}(bx) - \dfrac{n J_n(bx)}{bx} \right] - ax J_n(bx) \left[J_{n-1}(ax) - \dfrac{n J_n(ax)}{ax} \right]}{a^2 - b^2}$$

$$(2 - 46)$$

故可知 Bessel 函数的另一个积分特性：

$$\int x J_n(ax) J_n(bx) dx = \frac{bx J_n(ax) J_{n-1}(bx) - ax J_n(bx) J_{n-1}(ax)}{a^2 - b^2} \qquad (2 - 47)$$

式(2-47)就是在分析面天线机电耦合中所用到的关键公式之一。

2.9.2 狄拉克函数

物理学中常常要研究一个物理量在空间或者时间中的分布密度，例如质量密度、电荷密度、每单位时间传递的动量（即力）等，但是物理学中又经常用到质点、点电荷、瞬时力等抽象模型，它们并不是连续分布于空间或时间中的，而是集中在空间中的某一点或者时间中的某一瞬间，那么它们的密度应该如何表示呢？

为了在数学上理想地表示出这种密度分布，引入了狄拉克函数（δ 函数）。狄拉克函数的数学定义为

$$\delta(x) = 0 \qquad (x \neq 0) \qquad (2 - 48)$$

$$\int_{-\infty}^{\infty} \delta(x) dx = 1 \qquad (2 - 49)$$

在概念上，δ 函数是这么一个函数：在除 0 以外的点处函数值都等于 0，而在整个定义域上其积分等于 1。

如果函数不在 0 点处取非零值，而在其他地方取非零值，则可表示为

$$\delta_a(x)=\delta(x-a)=0 \quad (x\neq a) \tag{2-50}$$

$$\int_{-\infty}^{\infty}\delta_a(x)\mathrm{d}x=1 \tag{2-51}$$

δ 函数还可以采用另一种定义：

$$\delta(x)=\frac{\mathrm{d}\,\mathrm{H}(x)}{\mathrm{d}x} \tag{2-52}$$

其中，$\mathrm{H}(x)$ 称为阶跃函数或亥维赛单位函数，具体表示为

$$\mathrm{H}(x)=\begin{cases}1, & x>0 \\ 0, & x<0\end{cases} \tag{2-53}$$

由上述定义可知，δ 函数可以通过对阶跃函数取微分得到。实际上，只要对一个不连续函数取微分，就会出现 δ 函数。

δ 函数有以下性质：

(1) 对称性：$\delta(x)$ 是偶函数，其导数是奇函数，即

$$\delta(-x)=\delta(x) \tag{2-54}$$

$$\delta'(-x)=-\delta'(x) \tag{2-55}$$

(2) 放缩性(或者相似性)：

$$\delta(ax)=|a|^{-1}\delta(x) \tag{2-56}$$

(3) 挑选性：

$$\int_{-\infty}^{\infty}f(x)\delta(x-t_0)\mathrm{d}x=f(t_0) \tag{2-57}$$

需要注意的是，在理解这些性质时，应该认为等式两边分别作为被积函数的因子时得到的结果相等。

2.9.3　二项式定理

二项式定理又称牛顿二项式定理，其数学表达式如下：

$$(a+b)^n=\mathrm{C}_n^0 a^n b^0+\mathrm{C}_n^1 a^{n-1}b^1+\mathrm{C}_n^2 a^{n-2}b^2+\cdots+\mathrm{C}_n^k a^{n-k}b^k+\cdots+\mathrm{C}_n^n a^0 b^n \ (n\in\mathbf{N}_+)$$
$$\tag{2-58}$$

其中：等号右侧的多项式叫作 $(a+b)^n$ 的二项展开式；各项的系数 $\mathrm{C}_n^k(k=0,1,2,\cdots,n)$ 叫作二项式系数，$\mathrm{C}_n^k=\dfrac{n!}{k!(n-k)!}$，表示从 n 个阵元中任取 k 个阵元的组合数；$\mathrm{C}_n^k a^{n-k}b^k$ 叫作二项展开式的通项。

当 $a=1$ 时，上述二项展开式可表示为

$$(1+b)^n=\mathrm{C}_n^0+\mathrm{C}_n^1 b+\mathrm{C}_n^2 b^2+\cdots+\mathrm{C}_n^k b^k+\cdots+\mathrm{C}_n^n b^n \tag{2-59}$$

进一步，当 b 的绝对值远小于 1 且 n 又不是太大时，可取前两项作为二项式的近似值，即有如下近似关系：

$$(1\pm b)^n\approx 1\pm nb \quad (|b|<<1) \tag{2-60}$$

需要注意的是，应用上面的近似公式求解近似值时，若它的误差超过了指定的范围，则需要在二项展开式里再继续取一项或者几项进行计算。

二项式系数具有以下性质：

（1）对称性：与首末两端等距离的两个二项式系数相等，即 $C_n^m = C_n^{n-m}$。

（2）展开式的所有二项式系数的和等于 2^n，即 $C_n^0 + C_n^1 + C_n^2 + \cdots + C_n^n = 2^n$。

（3）二项式系数的增减性与最大值：当 $k < (n+1)/2$ 时，二项式系数是递增的，当 $k \geqslant (n+1)/2$ 时，二项式系数是递减的；当 n 是偶数时，中间一项 $C_n^{n/2}$ 取得最大值，当 n 是奇数时，中间两项 $C_n^{(n-1)/2}$ 和 $C_n^{(n+1)/2}$ 相等，且同时取得最大值。

（4）展开式中的奇数项的二项式系数的和等于偶数项的二项式系数的和：

$$C_n^0 + C_n^2 + C_n^4 + \cdots = C_n^1 + C_n^3 + C_n^5 + \cdots = 2^{n-1} \tag{2-61}$$

2.10 天线参数测量技术

天线系统一般都有两个方面的特性：电路特性和辐射特性。电路特性主要包括输入阻抗、效率、带宽、匹配程度等，辐射特性主要包括方向图、增益、极化等。天线参数测量的主要任务是用实验的方法测定和检测天线的这些参数特性。

天线参数测量是天线设计中一种重要的研究方法，它与理论方法相辅相成。一种新型天线的研制往往是先提出大量新的设计理念，对天线的结构做出各种改进，然后从理论出发，建立某种理想的数学模型，并进行数学分析。而理论研究结果必须用实验来验证，天线参数测量正是实验验证的基础。在天线技术中许多理论上还不够成熟的课题要完全依靠实验来解决。同时在天线参数测量实验中，有时可以发现一些未预测到的结果，通过对结果进行分析，可能会得到新的设计理念。因此在新型天线的研制中，天线参数测量起着非常重要的作用，它既是检验理论的手段，又是独立的研究方法。

无源天线结构是一种互易结构，按互易定理，不论作为发射天线还是接收天线，天线的参数都是固定的。发射天线把发射机输出的高频交流能变为辐射电磁能，即变为空间电磁波；接收天线把到达的空间电磁波变为高频交流能，传送到接收机的输入回路。对于大功率天线，如雷达天线，由于输入功率很大，无源非线性效应比较明显。电缆编织物的接触、连接器的丝扣和其他金属接头中，均存在轻微的非线性效应。这些金属接触的每个表面都会因金属氧化而形成薄绝缘层，正是这种接触非线性产生了低电平无源互调干扰。近些年各基站天线制造商对基站天线的无源互调特性的测试比较严格。但是小型化天线工作在小功率下，其无源非线性特性很不明显，可以忽略。在这种情况下，天线测试系统中，被测天线（无源天线）既可以作为发射天线，也可以作为接收天线。

在测试中，某些天线参数可以直接测量得出，比如天线的输入阻抗、输入电压驻波比、方向图和增益，称为天线的一次实验参数，简称为一次参数。其余的参数称为二次参数，可以根据一次参数借图解或计算求得。例如，谐振频率、频率特性和带宽等性能参数可以通过输入阻抗、输入电压驻波比的测量换算得到；主瓣宽度、副瓣最大值的相对电平、方向性系数可以通过对方向图和增益的测量得出。

2.10.1　微波端口网络

天线测量技术是在第二次世界大战期间形成的。战后十几年里，天线方面的主要困难在于设计方法而不在于测量方法，因此，人们较少研究天线的测量问题。随着 20 世纪 60 年代空间技术的发展，之前的测量技术已远不能满足要求，天线测量问题就变得与天线设计问题一样重要，新的测量方法的研究也在深入进行。

如今天线测量设备已经从最初的测量线、反射计发展到自动网络分析仪。天线的测试过程被大大简化，测试系统的校准、测试平台的移动、数据的记录与处理等实现了全自动化。

天线电路特性参数和辐射特性参数的测量都是建立在对天线输入端口 S 参数的测量基础上的。在线性微波网络中，由于归一化电压和电流呈线性关系，故归一化入射波与反射波也呈线性关系。设端口 1 上的归一化入射波和反射波分别为 a_1、b_1，端口 2 上的归一化入射波和反射波分别为 a_2、b_2，则有线性方程：

$$b_1 = S_{11}a_1 + S_{12}a_2 \qquad (2-62)$$

$$b_2 = S_{21}a_1 + S_{22}a_2 \qquad (2-63)$$

矩阵形式为

$$\begin{bmatrix} b_1 \\ b_2 \end{bmatrix} = \begin{bmatrix} S_{11} & S_{12} \\ S_{21} & S_{22} \end{bmatrix} \begin{bmatrix} a_1 \\ a_2 \end{bmatrix} \qquad (2-64)$$

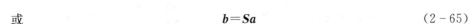

或 $$b = Sa \qquad (2-65)$$

式中：列矩阵 b 是归一化反射波矩阵；列矩阵 a 是归一化入射波矩阵；方阵 S 是两端口网络的散射矩阵，简称 S 矩阵。各矩阵阵元称为散射参数，简称为 S 参数。

以下是 S 参数的物理意义：

$S_{11} = \dfrac{b_1}{a_1}\bigg|_{a_2=0}$ 　为端口 2 匹配时端口 1 的反射系数；

$S_{22} = \dfrac{b_2}{a_2}\bigg|_{a_1=0}$ 　为端口 1 匹配时端口 2 的反射系数；

$S_{21} = \dfrac{b_2}{a_1}\bigg|_{a_2=0}$ 　为端口 2 匹配时端口 1 至端口 2 的电压传输系数；

$S_{12} = \dfrac{b_1}{a_2}\bigg|_{a_1=0}$ 　为端口 1 匹配时端口 2 至端口 1 的电压传输系数。

S 参数是最能代表微波网络特性的一组参数，可以很容易地被转换为 Z 参数、Y 参数、A 参数、T 参数等其他网络参数，同时 S 参数也是用网络分析仪最容易测定的一组参数，因此在微波器件、部件的设计测试中是最常用的，并且，计算机能把 S 参数转换成任何所需要的参数。从 S 参数中我们很容易得到微波网络的群延迟、电压驻波比、回波损失、衰减等具有物理意义的特性。

天线至少应该有两个端口，一个是馈电端口，另一个是辐射面与空间的接口。辐射面与空间的接口是一种等效的概念，不能用具体的方法衡量。在考察天线性能时，一般不考虑辐射面与空间接口的适配问题，因此其 S 参数简化为 S_{11}，即馈电端口的反射系数。

2.10.2　网络分析仪

网络分析仪已成为表征高频元器件性能最重要的测量工具之一。网络分析仪可以提供大量有关被测器件的信息，包括被测器件的幅度、相位和群延时响应。为此，网络分析仪必须有一个激励源、信号分离器件、用于检测信号的接收机和用于观察结果的显示/处理电路。其中，激励源通常是内置锁相（合成）压控振荡器。信号分离器件能对一部分入射信号进行测量，以提供比值测量的参考，它将被测器件输入端存在的入射信号和反射信号分离开。用于这个目的的器件包括功分器（为电阻性的宽带器件，但是有大的插入损耗）、定向耦合器（损耗小，但带宽通常受到限制）和定向电桥（用于测量整个带宽上的反射信号，但也可能有显著的损耗）。网络分析仪的系统框图如图 2.11 所示。

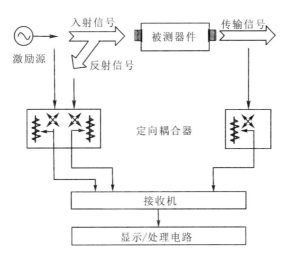

图 2.11　网络分析仪的系统框图

同所有测试仪器一样，网络分析仪存在测试误差。测试误差主要有随机误差和系统误差。随机误差是非重复的，由噪声、源信号幅度和相位的不稳定、测试设备的物理抖动和温度影响所造成。随机误差可通过多次测量取平均值的方法来减小。系统误差是可重复的，由测量设备适配、耦合器有限方向性系数、系统频率响应以及穿过通道的信号泄漏等的不完善造成。

测试过程中使用网络分析仪产生的误差主要是系统误差，具体包括：

（1）方向性误差（E_D）：由测量环路中耦合器所固有的有限方向性系数所产生，测量装置不能完全从被反射的信号中分离出入射信号。

（2）源匹配误差（E_S）：信号源阻抗与元件的输入阻抗不匹配，使得信号源不能给被测器件输送稳定的功率。

（3）负载匹配误差（E_L）：由被测器件的输出端口与设备相连的测量端口的阻抗不匹配引起。

（4）隔离误差（E_X）：由网络分析仪不同端口的串扰引起。

以上系统误差可以通过测试前的校准过程得到补偿。网络分析仪采用"步进频率扫描"或称"点频扫描"的测量方式，在测量频带内测量点数目是有限的。测量之前，在各步进频率点上测出系统的各项误差；测量时，在各步进频率点上从测得数据中"扣除"这些系统的误差，给出待测网络的校正特性。网络分析仪的全部误差项可以通过测量适当的标准器件得到。网络分析仪通过自动比较这些标准器件已知的参数和实测的参数得到系统的误差模型。常见的标准器件有短路器、开路器、固定匹配负载器、滑动匹配负载器和精密空气线等。而在系统中所有其余的次要误差仅由接口和开关的重复性、系统噪声、系统的漂移和校准时所用标准器件的误差所引起，因而提高了测量精确度。在每次使用网络分析仪测试前，或者更换被测器件以后，都必须执行"校准"这一步，否则测试结果是不可信的。

2.10.3 天线电路参数测量

前面提到天线具有馈电端口和辐射面与空间的接口，它至少是两端口网络，因此当测量输入端口 S 参数时，天线辐射面要保证匹配良好（即无反射），即要求天线必须指向自由空间或无反射墙，最理想的情况是在微波暗室中进行测量。而实际上，测量天线电路特性时，只要天线辐射基本不受阻碍，周围无金属材料影响，或使用适当吸波材料覆盖周围金属材料表面，辐射面与空间的接口反射的影响就不严重。

天线通过馈线系统和收发机相连。天线作为发射机的负载，它把从发射机得到的功率辐射到空间。同时作为接收天线，它耦合空间的电磁波能量，通过馈线将其传输到接收机输入端，此时接收机可以看作天线的负载。

由传输线理论可知，要想最大限度地传输微波能量，天线与传输线必须有良好的阻抗匹配（因为阻抗匹配的好坏将影响功率传输的效率）。换句话说，就是要求在天线的工作频带内保证尽可能小的电压驻波比。同时，在天线输入端口过度失配的情况下，收发机的效率及稳定性将极大地恶化。特别是作为发射机负载的天线，如果存在过大的阻抗失配，发射机功放输出的能量就无法有效地辐射出去，反射严重，这样很容易造成发射机功放中的管芯发热并烧毁。对于接收机，前级低噪声放大器输入端口一般考虑使用最小噪声系数情况下的负载设计，天线的过度失配会对低噪声放大器中管芯的输入端阻抗造成影响，使其不能得到设计的噪声系数指标，甚至可能造成低噪声放大器的自激现象。因此，天线阻抗匹配情况将直接影响整个系统的性能指标及稳定性。

使用网络分析仪测量天线输入阻抗实质上就是测量天线输入端口的 S 参数。由于 S 参数有实部和虚部，是矢量形式，因此只有矢量网络分析仪才能测量天线的输入阻抗。标量网络分析仪可以直接测量出天线输入端的电压驻波比 VSWR：

$$\text{VSWR} = \frac{1+|\Gamma|}{1-|\Gamma|} = \frac{1+|S_{11}|}{1-|S_{11}|} \qquad (2-66)$$

其中，Γ 为电压反射系数。

进行天线输入阻抗的测量时，应先对网络分析仪进行校准，然后接上被测天线，让天线指向无反射的空间。从矢量网络分析仪上可以得出天线的输入阻抗。如果存在有反射的障碍物，则会影响阻抗测量值的准确性。

由天线电路特性参数中一次参数的测量结果很容易得到天线带宽、中心频率、辐射效率等二次参数的数值。

2.10.4 天线辐射参数测量

很多解析法在天线辐射特性参数的计算上已经达到很高的准确度，但对于一个实用天线的设计，最终都要用实验结果来验证理论计算数据的准确性。然而，实验本身也有一些缺陷，如为了进行方向图测量，导致远场区的距离 $(r>2D^2/\lambda)$ 太长，甚至超出场地的范围；要使来自地面和周围物体的有害反射保持在允许的电平之下也是有困难的；在很多情况下，天线的工作环境和测试场的环境并不具有可比性，室外测量系统受环境影响较大，不具备全天候测量能力，而室内测量系统又常常不能容纳大型天线设备。以上一些缺陷，可以用某些特殊技术来克服，例如，基于近场测量推算远场方向图、缩尺模型测量、专为天线测量而设计的自动化测试设备和利用计算机辅助技术等。

微波暗室是一种可控的、全天候工作、保密和抗电磁干扰的测量环境，通常是一间在墙壁和地面覆盖有射频吸收装置的房间。不断改进的高质量的吸波材料的出现促进了微波暗室的发展。微波暗室测量环境主要用在微波频段，一般提供几百兆赫兹到几十吉赫兹的高度屏蔽环境。

近场测量技术占用的面积比常规测试场地的面积小。因此，可以先测量近场，然后利用解析法将测量的近场数据变换为远场辐射特性，这种方法通常用来在微波暗室中测量天线的方向图。为了得到准确的测量结果，这种方法需要更加复杂和昂贵的测试设备、更全面的校准程序和更完善的计算机软件的支持。

近场测量的工作原理是：在预先选定的表面上，用一扫描场探头来测量出近场数据(通常包括幅度和相位)，这个表面可以是一个平面、柱面或球面；然后利用解析傅里叶变换法将近场测量数据变换为远场辐射特性。解析变换的复杂性按平面到柱面和柱面到球面的次序而增加，所选择表面视所测天线而定。随着计算机技术的飞速发展，解析变换的运算不再是难题。

1. 方向图测量

天线的方向图是天线辐射参量随空间方向变化的图形表示。辐射参量包括辐射强度、场强、相位和极化。一般来说，一部天线完整的方向图是一个三维的空间图形，它以天线相位中心为球心(坐标原点)，在半径足够大的球面上，逐点测定相应的辐射参量绘制而成。测量场强振幅，就得到场强方向图；测量功率，就得到功率方向图；测量极化，就得到极化方向图；测量相位，就得到相位方向图。

三维空间方向图的测量十分复杂。实际工作中，一般只测得水平面和垂直面的方向图。天线方向图可以用极坐标绘制，也可以用直角坐标绘制。极坐标方向图的特点是直观、简单，从方向图可以直接看出天线辐射场强的空间分布特征。但当天线方向图的主瓣窄而副瓣低时，直角坐标绘制方法显示出更大的优点。因为表示角度的横坐标和表示辐射强度的纵坐标均可任意选取，可以更细致、清晰地绘制方向图。

一般绘制方向图时都是经过归一化处理的，即径向长度（极坐标）或纵坐标值（直角坐标）以相对场强 $E(\theta, \phi)/E_{max}$ 表示。其中，$E(\theta, \phi)$ 是任一方向的场强值，E_{max} 是最大辐射方向的场强值，归一化最大值为1。对于极低副瓣电平天线的方向图，大多采用分贝值（dB）表示，归一化最大值为 0 dB。

测量方向图时，需要辅助天线和被测天线两个天线。辅助天线（源天线）固定不动，被测天线安装在特制的有角标指示的转台上，转台由计算机通过步进电机控制。自动网络分析仪（ANA）测量两副天线间的传输系数，并通过数据接口将测量结果传给计算机。计算机将角度和 ANA 测试数据进行综合处理，通过打印机输出测量结果。天线方向图测量装置的基本结构框图如图 2.12 所示。

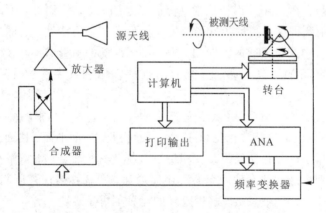

图 2.12 天线方向图测量装置的基本结构框图

测量水平面方向图时，可让被测天线在水平面内旋转，记下不同方位角时对应的场强响应。测量垂直面方向图时，可以将被测天线绕水平轴转动 90° 后仍按水平面方向图的测量方法进行，也可以直接在垂直面内旋转被测天线，测取不同仰角时的场强响应。

2. 增益测量

天线增益的测量方法通常有两种：绝对增益法和增益转换法。可以用绝对增益法对天线增益标定，然后将它作为增益转换法中的标准增益。通常用作标准增益天线的是半波振子天线和角锥喇叭天线，它们都是线极化天线。

测量天线增益时，首先要测得发射天线的输入功率和接收天线的接收功率，然后根据弗里斯传输公式计算天线增益。弗里斯传输公式为

$$P_r = P_t G_t G_r \left(\frac{\lambda}{4\pi R} \right)^2 \tag{2-67}$$

其中：P_r 为接收功率；P_t 为馈给发射天线的输入功率；G_t 为发射天线的增益；G_r 为接收天线的增益；λ 为自由空间电磁波波长；R 为收、发两天线间的距离。因为 R 和 λ 是已知的，且 P_r / P_t 可以通过测试测得，所以可以推算出 G_t 与 G_r 的乘积。若已知一个天线（发射天线或接收天线）的增益，就可以求出另一个天线的增益；若发射天线和接收天线相同，则 $G_t = G_r$，也可得到被测天线的增益。

增益转换法是常用的天线增益测量方法。这种方法用一个已知天线的增益作为标准增益来确定被测天线的绝对增益。通过测量相对增益，再与标准天线的已知增益做比较，就可得出被测天线的绝对增益。图 2.13 是增益转换法的原理框图。

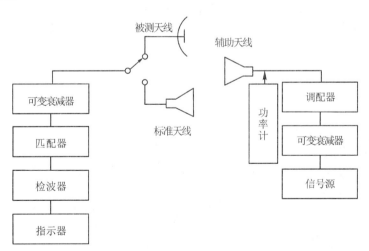

图 2.13　增益转换法的原理框图（被测天线作为接收天线）

要求分两组测量。一组是用被测天线作为接收天线，记录进入匹配负载的接收功率 P_T；另一组是用标准天线取代被测天线，记录此时进入匹配负载的接收功率 P_S。两组测量过程中，天线的几何位置关系应保持不变，且进入作为

发射天线的辅助天线的功率应保持不变。

已知标准天线的增益为 G_S，则被测天线的增益为

$$G_T = \frac{P_T}{P_S} \cdot G_S \qquad (2-68)$$

表示成对数形式为

$$G_T(\text{dB}) = G_S(\text{dB}) + 10\lg\left(\frac{P_T}{P_S}\right) \qquad (2-69)$$

3. 天线极化测量

简单的矩形微带天线，其辐射机理等效为平行的两个槽的辐射，是线极化辐射的结构形式。但它存在流过贴片的横向表面电流，会产生交叉极化分量，尤其是采用开槽、加载、非常规形状等结构的微带天线。交叉极化是影响天线性能的一个重要指标，交叉极化的大小由极化纯度参数来表征。

测量交叉极化分量时，只要简单地转动线极化源天线，再测量天线的辐射方向图即可。要使测量结果准确，源天线的线极化纯度应优于被测天线的交叉极化水平。

对于圆极化天线，其轴比的测定是绕天线的法向连续旋转线极化源天线，以旋转角度为自变量记录下被测天线接收到的信号。这种方法可提供被测天线在法向的椭圆率。要获得所有方向上的椭圆率，其方法是将被测天线装在转台上，在转台旋转的过程中，让源天线快速转动，这样测得的方向图的包络线就给出了每个方向上的极化椭圆率。

第 3 章 天线结构与热分析

反射面天线的反射面主要用来收集、聚焦和引导来自射频源辐射的能量。在某些情况下，天线会使用多个反射面以获得更高的性能，例如主/副反射面。反射面天线系统可能包含一个以上的"天线"，例如双极化反射面天线或频率选择副反射面天线。从物理结构的角度看，反射面天线系统分为以下三大类：

（1）固定式反射面天线系统。其反射面的刚度较好，可直接安装在卫星或其他固定附件上，发射后在轨运行。

（2）可展开式反射面天线系统。其反射面的刚度较好，反射面固定后可通过机构展开成不同的排列或结构形状。

（3）可折叠式反射面天线系统。其反射面通常由多个表面或可变形表面组成，发射后可展开成最终所需的形状。展开后的反射面天线也可以在空间站轨道上通过机构移动成不同的排列或结构形状。

需要注意的是，后两种反射面天线系统还可以在轨道上移动或转向，以便对天线指向波束进行精细调整。这种调整系统在具有多个天线的卫星上被广泛使用，因为通常要求其中多个天线之间的相对指向非常精确。本章就天线结构设计、测试、建模及热分析做简要介绍。

3.1 天线结构设计

3.1.1 反射面的支撑与连接

反射面支撑点及其约束位置的特性是反射面天线结构设计的主要影响因素。反射面天线的支撑效率越高，满足动态载荷和刚度要求所需的支撑结构就越少。例如，一个悬臂支撑的反射面相比于一个由四个点支撑的反射面，不仅在结构上复杂得多，而且在机械设计方面也很具有挑战性。

在反射面天线的设计和分析过程中，需要仔细考虑反射面天线发射—锁定连接部件和展开机构的特征。虽然设计时把这些连接部件简化为"固定点"可能很方便，但连接部件的材料、刚度和自由度的影响通常很大，以致"固定点"的假设可能会使反射面天线的机械结构偏离真实情况。不恰当的假设容易导致反射面天线质量增加，进而导致"过度设计"，甚至出现结构故障。

天线局部界面的机械性能与界面的固定方式一样重要。例如，由于材料热膨胀系数(Coefficient of Thermal Expansion, CTE)的差异，通过钛或其他金属固定在卫星结构上的碳纤维反射面会受到明显的热应力作用。无论是需要分离的约束装置，还是需要展开的铰链或万向接头，由于热、湿度或简单的机械结构失准而带来的应变，都会产生静态载荷，这会严重影响机械结构功能的正常发挥。因此，反射面天线和卫星结构的机械设计人员都需要研究连接界面的载荷以确定分析界面载荷的方法。

对反射面天线进行环境测试也有类似的问题，即是否能完全正确地表示或模拟界面连接特性。对于反射面天线单元的测试，设计一种能够精确模拟运行状态的结构界面测试装置是不切实际的。在设计时应综合考虑系统级的负载、局部应力等因素，不能过大地增加反射面天线不必要的质量。通常情况下，结构实验中的局部应力不在实际运行时的应力范围内，甚至某些情况下的实验结果可能是运行时的临界值。

3.1.2 刚度与稳定性

1. 刚度

在发射过程中反射面天线的一阶模态系统刚度通常随着反射面天线尺寸和设计精度的变化而变化。对于较小的反射面天线(直径小于 1 m)，通常要求一阶模态大于 100 Hz，在这种情况下，天线才不会与航天器或运载火箭产生共振耦合，从而可以简化后续卫星耦合负载的分析。然而，某些情况下可能还需要进行系统级的质量与刚度评估。例如，要在卫星上安装一个质量更轻、结构更简单、成本更低的反射面天线，则应对该反射面天线进行更多的分析(包括耦合载荷分析)和测试，使其达到可靠的分析和测试假设的要求。对于较大的反射面天线(直径为 1.5～2.5 m)，通常要求一阶模态在 35～50 Hz(或更高)的范围内，具体取决于航天器或运载火箭的临界模态。对于航天器和运载火箭，大反射面的柔性结构通常是可以承受循环耦合载荷的重要部分，选择最小的一阶模态能够确保该部分的刚度位于临界模态上方，并且不会与航天器或运载火箭其他组件的模态耦合。通常无法以足够的刚度将非常大的反射面天线（直径大于 2.5 m）或天线组件安装到航天器或运载火箭上，因为其一阶模态无法安全地位于航天器或运载火箭的临界模态上方。在这种情况下，需要调整反射面天线组件的刚度，以使其与任何航天器组件临界模态之间不会有显著的耦合。

2. 稳定性

反射面天线形状的稳定性及其指向性是保障天线在轨射频性能的关键。反射面天线表面形状的恶化或其刚体位移都将严重影响通信质量。影响在轨反射面天线稳定性的主要因素是反射面的环境温度和结构温度梯度。通常可以从两个方面解决：通过有效的热控制和良好的热设计降低极端温度和热梯度；使用具有接近零的热膨胀系数（CTE）和湿度膨胀系数（CME）的材料制造反射面天线，降低温度和真空环境对反射面天线的影响。热设计以及理想的零热膨胀系数对结构设计和制造来说都存在限制和实际约束，因此除选用具有较低热膨胀系数的材料外，反射面结构设计还应具有一定的灵活性，以使天线射频表面形状对温度、温度梯度、幅度等变化尽可能不敏感。

研究人员通常采用有限元模型来模拟反射面天线的热变形，其中的重点是影响反射面天线热变形的实际参数的获取。例如，使用 2D 板或层压板元件的有限元模型对分析系统动态和应力是有效的，但是忽略了厚度和平面特性之间的不匹配问题，从而严重影响了用于预测热变形的结构模型的准确性。在分析上很难考虑所有可能的边界条件和材料特性变化情况，并且高度理论化的方法通常会低估或高估热应力和热应变。与反射面天线试样的热变形进行智能关联的建模技术是一个更好、更准确和更可靠的技术手段，但这个过程会更耗时，成本也会更高。一个有限元技术低估热变形的例子是：将简单多层复合层压板固化成 90°"L"形，由于厚度方向的热膨胀系数远高于面内热膨胀系数，因此层压板不会在整个温度范围内保持 90°角。由于该类型单元的 2D 简化，因此有限元技术无法准确预测层压板热变形现象。类似地，弯曲的夹层结构也会出现低估其热变形的现象，其原因是典型蜂窝结构的内芯在厚度方向上往往具有很高的热膨胀系数。要精确测量整个厚度方向层压板的热膨胀系数很难，即使成功地测量了厚度方向的热膨胀系数，由于纤芯、膜状黏合剂、基质树脂和纤维之间微小的相互作用，在有限元模型中也可能无法准确地预测热变形。更好的方法是直接测量简单样品的变形，然后在有限元模型中调整特定不确定的材料属性以匹配测量结果。

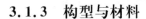

3.1.3 构型与材料

1. 反射面构型的设计

反射面的射频性能由反射面的精度（形状、方向和孔径）和反射率决定。天线设计工程师的工作内容主要是在满足反射面结构的基础上，尽可能地在轨道环境上保持这些射频特性。

绝大部分反射面的设计工作都是从天线设计工程师提供的射频图以及反射面到卫星结构的接口开始的。对于固定安装的反射面，其指向也是固定的，因此安装反射面的空间通常很小。反射面到卫星结构的接口位置可能没有很多可用空间，而且接口结构必须尽可能避免安装其他组件。一般来说，反射面的热要求通常集中在反射面本身的温度要求上，但是有时也会有其他的热要求，例如需要将反射面与卫星总线和有效负载热隔离等。

对于可展开的反射面，反射面锁定和展开结构的位置受到卫星结构上可用位置的限制，并且需要根据质量和可靠性考虑其锁定和展开结构的数量。一旦确定了反射面的表面和接口，接下来的目标便是以最小的质量为反射面提供足够的结构支撑，同时在可用的安装范围内保障测试、发射和在轨等过程中反射面的图形精度和指向使用寿命。

2. 反射面材料的选择

1）碳纤维材料

碳纤维材料具有导电性，而且在频率上升到 60 GHz，甚至在一些情况下可能超过 60 GHz 时仍然具有良好的射频性能，可用于生产在频率小于 30 GHz 时具有良好射频性能的反射面。但是频率高时，需要选择高电导率光纤，并考虑光纤的编织类型。根据工程经验，沥青基纤维比相同模量的聚丙烯腈（PAN）纤维的导电性高，而且纤维的模量（刚度）越高，电导率越高。不应忽视的是，随着纤维模量的增加以及所需的电导率和射频性能的提高，纤维也变得更加脆弱（失效应变率更低），并且加工会对纤维有一定程度的损伤。同时，较高模量的纤维比较低模量的纤维贵很多，并且通常被用于生产具有明显负热膨胀系数的层压材料，这可能导致热变形不稳定，从而增加整体热应力并导致固化温度降低时残留应变增加。另外，反射面结构设计师必须在射频性能、机械性能以及制造/原材料成本之间进行平衡。在航天飞机反射面结构中最常见的碳纤维的模量在 448～552 GPa 之间，而准等向性层压板的模量在 68～90 GPa 之间。一般使用模量是 483 GPa 且固化纤维体积在 54%～60% 范围内的准各向同性叠层来生产接近零的面内热膨胀系数层压板。应注意的是，弹性模量较小通常比

PAN 纤维更好，因为它们具有更好的导电性和导热性。

对于纤维增强的层压反射面，纤维在其长度方向是高导电的，而在与纤维轴正交的方向上导电性较差，因此碳纤维层压板反射面的导电性能是非各向同性的。因为反射面中碳纤维的类型和方向通常会对射频性能产生显著影响，所以必须仔细考虑用于反射面构造的碳纤维类型和方向。

2）单向复合材料

由于碳纤维反射面的射频特性是由封装在层压板树脂内的纤维提供的，因此由单向复合材料构成的反射面对撞击到其上的能量具有明显的偏振作用。这是由多种效果组合导致的结果，但主要是由于单向复合材料的电导率在纤维长度方向上比与纤维轴正交的方向高几个数量级，进而导致射频性能中的交叉极化劣化程度过高。单向复合材料反射面在航天领域具有广泛的应用，如果能够理解并考虑层压板的射频特性，则能更好地发挥其功能。图 3.1 为使用单向复合材料制造的反射面层压板。

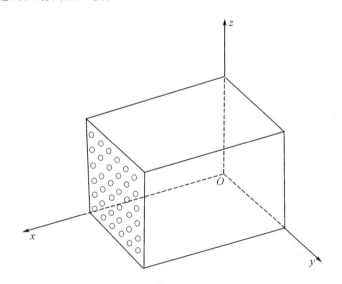

图 3.1　使用单向复合材料制造的反射面层压板

3）编织形式的碳纤维材料

与单向复合材料相比，编织形式的碳纤维材料由于更容易形成典型反射面的复合曲率和形状，因此被广泛用于天线的反射面。纤维的编织形式虽然对入射到反射器表面的射频能量方向影响较小，但是织物中纤维对能量的反射是不连续的，因此必须在考虑反射面要求的情况下仔细选择织物组织。

与平纹编织形式相比，类似缎纹的编织形式（如图 3.2 所示）较容易编织，且材料表面纤维的方向特性通常对射频衰减的影响较大。缎纹编织形式通常造成的场不连续性影响较小，因此比平纹编织具有更高的电导率。当然，设计人员在选择材料纤维的类型和形式时，必须考虑设计的各个方面。

图 3.2 五根缎纹织法

即使层压板的表面看起来很光滑，导电介质还是碳纤维而不是树脂基体。当纤维束(丝束)在编织过程中上下交替时，它们会产生一个粗糙的表面，这相当于降低了表面的精度(由局部表面均方根值定义)。垂直于纤维方向的粗糙度和编织密度也会产生性能不均的情况。随着频率的增加(波长减小)，织物编织的粗糙度(编织密度)和厚度对天线表面的精度而言变得越来越关键。较薄、较细的编织会使电表面变得更光滑，并且随着频率的增加，天线反射面性能会得到显著改善。设计师在设计反射面的时候必须考虑材料的确切要求，因为在较低的频率下，较粗、较厚的材料可能更经济，并且可以提供完全可接受的性能。

如果树脂基体是电介质，而反射面的表面富含树脂且编织开口区域充满了树脂，那么这些树脂将会对性能产生影响。树脂基体的介电常数和正切损耗角对碳纤维反射面的影响可能不是很大，但对双反射面结构肯定会产生影响。同样，反射面设计团队必须考虑介电效应，但是对大多数单反射面而言，这并不是影响性能的重要因素。

3.1.4 动力学分析

反射面动力学分析的主要目的是预测机械加速度，并且通常用地球重力加速度 g 来标定。系统工程师首先会采用人造卫星或运载火箭的质量加速度曲线(MAC)来进行反射面的动力学分析。该 MAC 曲线较为保守，表示的是 g 载荷

与子系统质量之间的函数关系。然而，因为反射面的质量分布较为分散，MAC
曲线通常并不是反射面 *g* 负载的合适参考源。MAC 曲线有时会太高或太低，
需要结合设计经验和耦合负载等分析为反射面开发合理的准静态设计负载。

除 *g* 负载外，有时一个较大的刚性大口径天线会使其所在卫星结构的整体
刚度变大，这意味着除考虑反射面本身的 *g* 载荷外，接口和反射面还必须能够
适应来自卫星结构模式改变和轨道热环境产生的力和力矩。

由于反射面结构非常轻巧且刚度较好，因此其设计负载通常很高。标称 *g*
负载为(30~50)*g* 是很常见的，峰值局部响应高达 100 *g* 也不罕见。高的 *g* 负
载能够将设计曲线包含在内，但是验证这些负载的测试却非常具有挑战性。由
于某些基本的测试限制，通常有必要根据测试环境设计反射面结构，以安全地
将飞行环境的负载包含在内。

3.1.5　热分析

复合结构制造中使用的任何材料都具有软化温度，即材料开始软化时的温
度，此温度高于组件的热使用温度。事实上，软化温度并没有定义一个精确的
相变或状态变化时的聚合物不稳定温度，它只是定义了聚合物开始软化时的温
度。很多情况下，聚合物、基体树脂和黏合剂在其软化温度以上使用，因此需
要仔细考虑在这些温度下的需求和性能。

用于航天硬件制造的现代树脂比 20 世纪八九十年代使用的树脂材料要好
得多。目前改进的环氧树脂和氰酸酯树脂在低温条件下具有良好的抗微裂性
能，并具有足够高的软化温度，因此在大多数情况下不会产生问题。然而，树
脂性能会受到温度的影响，如果在过冷或过热的温度下并且有确定的结构载
荷，则必须考虑这些温度下材料的实际性能。一般来说，受温度影响最大的结
构是由树脂基体而不是由纤维决定的。此外，设计师还必须了解复合材料层压
板和键合接头的温度依赖性。热导率和热容(有时称为热质量)随温度变化很
大，而预测热导率和热容随温度变化的极值和梯度是很重要的，例如，处于地
球同步卫星反射面所经历的典型温度范围时，碳纤维层压板热容的变化幅度将
超过一个数量级。

经过仔细验证，用于夹层黏结的高温固化薄膜黏合剂在大多数应用中不会
产生问题。然而，薄膜的黏合剂性能会随着温度的变化而变化，如果使用薄膜
黏合剂将不同热膨胀材料黏结，则会产生热应变，从而导致局部甚至全局的表
面变形。由于基体和纤维之间热膨胀系数的失配，从固化温度返回室温时，所
有层压板都存在残余应变，这种影响在夹层结构中非常明显。

通常采用室温固化环氧树脂来制作接头和连接件。应仔细评估室温下环氧

树脂的软化温度，因为许多环氧树脂的软化温度都低于 100℃，而软化温度是航天反射面常见的温度设计极限。如前所述，由于较低的软化温度，胶黏剂和黏结接头的力学特性与温度加载方式有关。通常，制造商所标出的使用温度并不是材料的软化温度，而是当黏结处的剪切强度下降到一定值时的温度。需要再次指出的是，尽管许多设计的极端温度超过了软化温度或材料的推荐使用温度，并且在轨道上的表现很成功，但仍需要认真考虑材料在软化温度下的性能。

3.1.6 模具制造

反射面表面的铸模模具最终决定了反射面的表面形状和精度，它是反射面制造过程中最关键的因素。目前，支撑复合材料反射面制造的相关模具材料和设计在市场上较为少见。

1. 模具表面精度

表面形状是指被加工表面与理想表面的几何拟合，是反射面模具的基本要求。反射面的设计精度最终决定了所需的模具结构、材料、加工和精加工技术。尽管目前可以生产出具有光学镜面精度的模具，但是对于通信天线反射面来说太耗时和太昂贵，所以需要天线设计师去评估可用的加工手段并选择最适合当前需求的模具。铸模模具的室温精度只是影响成功设计的一个因素，由于反射面外壳的夹层形状将在固化温度下形成，因此模具的热膨胀系数应与反射面层压材料或夹层的热膨胀系数相匹配，或者模具应具有对固化温度下的表面形状进行热补偿的能力。

1) 加工精度

实际的模具加工精度取决于尺寸、加工刀具和机床精度。在较小的模具上使用龙门铣床可以加工出轮廓精度为千分之几毫米或精度更高的表面。使用直径小于 70 cm 的加工刀具加工表面时，其加工精度小于 1 mm；使用直径大约为 200 cm 的加工刀具加工表面时，其加工精度小于 2 mm；使用直径为 300 cm 或更大的加工刀具加工表面时，其加工精度小于 3 mm。

2) 钳工加工

使用球头或圆角铣刀，并在五轴铣床上将加工曲面"光栅化"，就能加工出具有搓衣板形状的加工表面。应正确选择刀具半径和路径间距，使脊线深度小于 1 mm。完成表面的加工后，必须手动去除脊线的波峰，使其与波谷处于同一平面，这一精加工过程通常称为钳工加工。图 3.3 所示为钳工加工模具表面的过程。完成这项工作所需的技能相对较高，但通过使用诸如蓝色染料和半刚性砂磨工具之类的辅助工具，可以有效地生产出非常光滑和高精度的成品模具表面。

图 3.3　钳工加工模具表面的过程

3）测量精度

大型模具表面轮廓测量非常具有挑战性，将模具移到坐标测量仪或类似的固定检测站是不切实际的，因此必须在原地测量模具的表面轮廓。作为初级检查，用制造模具的机床来检查模具轮廓是可以接受的，但它并不能避免机床本身存在的误差，因此很少将其作为最后的检测工具。机床检查方法通常是将模具支撑在机床的底座上，所以测量时机床无法精确评估重力变形的影响。模具的远程轮廓检查方法比较多，例如激光跟踪器测量和摄影测量。设计师在选择时应当考虑和评估这些轮廓检查方法的测量精度。例如，摄影测量和激光跟踪器测量的尺寸精度在很大程度上取决于角度分辨率，因此尺寸精度随着测量距离的增加而降低。根据经验，如果不考虑设置、测量技术和数据处理，则即使是在较小的部件上测量也很难使单点测量精度小于 0.02 mm。

2. 模具设计

1）尺寸/质量

随着材料固化模具尺寸的增大，模具及其载体质量对反射面表面形状和精度的影响越来越明显。模具的质量越大，在固化周期内加热和冷却所需的时间就越长。较厚的模具部分往往比较薄的模具部分升温慢，这可能会导致模具局部的不均匀固化和翘曲。同时，模具移动也会对模具设计产生影响。例如，将模具安装到高压釜的过程中模具移动时所承载的能力及高压釜中钢轨所承载的能力可能对最终的模具设计和材料选用有明显的影响。

2）成本

模具的最终成本取决于制造尺寸、设计精度、选用的原材料和制造工艺的复杂性。同种加工方法的价格也随着模具尺寸的增加而变化。对于一个尺寸较小的模具，机加工的因瓦合金模具可能是最经济的，只有数控编程和加工成本。对于较大的因瓦合金模具，因为在进行模具轮廓制造之前就需要形成各种独立的因瓦板并进行焊接与热处理步骤，所以其成本是非常高的。

3）参考特征

反射面模具及其所生产的反射面都需要特定形式的物理参考特征来建立反射面的基本坐标系，以便准确地装配和校准。这些特征可以是模具加工过程中刀具上某个定位特征，并在固化过程中或固化后转移到反射面上。模具上的定位孔或销钉、反射面的定位凸台或镶件，通常用来建立用于装配的反射面坐标系。然而在某些情况下，将反射面朝下安装在模具上既方便又有效，因此在这种情况下，应该将定位结构和接口直接建立在模具的某个特征上。

3.1.7 复合材料制造

1. 复合材料制造设备要求

1）加工环境

在加工复合材料时需要对加工环境进行严格控制，以确保材料能在合适的温度和湿度下被加工。在复合材料黏结和组装的过程中，对加工环境进行控制极为重要，因为这样可以保证材料在加工完成后能够轻松并且彻底地被清洁。

2）复合材料工具

复合材料制造过程中所使用的工具有多种，主要包括铸件、层压板、夹层、壳和芯等。这些复合材料工具（蒙皮和纤芯）的精度比制造精密反射面所要求的精度还要高，但由于复合材料工具会受到温度限制，从而限制了它们在室温或更低温度条件下的使用，因此它们只适用于精度要求较低的零件。

传统上，高精度反射面的制造主要采用装配式复合材料工具（见图 3.4）。因为该复合材料工具可以用来模拟固化在上面的零件，使零件在热性能和热膨胀系数上进行完美的匹配，所以它目前仍然是最精确的辅助工具之一。但是如何在典型的固化温度和压力下保持良好结构接头的完整性，同时将模具装配到所需的加强结构上，仍是一个难点。室温环氧树脂是肋支撑结构合理和方便的选择，但是它可能会因为温度限制而妨碍其使用。由于块状石墨和因瓦合金并不适合制造复合材料工具，因此制造高精度复合材料工具变得像制造反射面本身一样具有挑战性。

图 3.4　复合材料工具模具侧视图

目前，由碳芯和可加工的碳复合材料外壳组成的模具具有很大的应用前景。首先对碳芯进行粗加工，使其尺寸减小以适应模塑料的厚度；然后将复合材料与碳芯固化并相连，最终得到的毛坯表面误差只有零点几毫米；模具毛坯完成后，将其像典型的石墨工具一样进行机加工，并进行固定和密封。到目前为止，此类模具加工精度虽不如同等块状石墨或因瓦合金工具，但随着技术的成熟，此类模具可能会成为非常有吸引力的选择，特别是对于重量和热设计较为困难的大型模具来说更是如此。

3）夹层结构

由于卫星天线的工作压力（通常仅为真空）比用于层压固化的压力要小得多，因此使用烘箱可以制造出具有良好黏结效果的夹层板。加热速度对于夹层黏合来说不是那么关键，通常可以在温、湿度可控的清洁区域进行夹层黏合。需要注意的是，夹层结构应该保持通风，因此可以考虑选择已打孔的铝芯，或通过在芯上添加排气路径来解决，以便在发射升空过程中实现压力的平衡。

4）装配

除加工夹层板以及进行最终产品校准所需的专用设备外，组装反射面所需的设备很少。一般而言，可以用较为精密的工具来定位关键的面板元件和接口，其他简单的装配工艺都可以使用通用的手动工具和车间辅助设备来完成。与航天零件的组装一样，反射面也需要在温度和湿度适宜的区域进行组装。

2．表面测量

加工制造后对反射面表面进行测量也是非常重要的一个步骤，较为常用的方法包括坐标测量机（CMM）测量、激光跟踪器测量和摄影测量三种。而其他方法（例如将这些方法搭配使用）也在不断发展，但到目前为止，它们要么没有达到航天反射面测量时所需的精度或重复性，要么对于航天反射面制造和测量通常需要的校准和测量类型来说不实用。对于大型反射面而言，很难将其整体移动到坐标测量机上，因此，这里重点介绍激光跟踪器测量和摄影测量。

1）激光跟踪器测量

激光跟踪器是一种非常方便的便携式测量系统，它使用激光束精确测量放置在被检零件上的目标。通常将用于激光跟踪器测量的目标称为球状反光板（Spherically Mounted Retroreflector，SMR），它由三个互相垂直的反射镜组成。任何进入 SMR 反射器部分的光线都将沿一条路径反射回光源，该路径等于从激光跟踪器到球体中心再回到激光跟踪器的距离。激光跟踪器通过头部的角编码器计算 SMR 的位置以及 SMR 到激光跟踪器背面的距离。激光跟踪器测距在长距离内非常精确，但由于数字编码器解析指向角精度的限制，激光跟踪器的方位角和仰角精度会随距离的增大而降低。激光跟踪器操作人员可以通过设置好最佳的测量参数，最大程度地减少角度编码器精度的限制。

激光跟踪器测量（见图 3.5）是一种接触式测量，因此数据捕获会持续一段时间。如果被测零件能够被 SMR 的接触压力测量出偏转，或者没有被刚性安装在相对于激光跟踪器头部的测量位置，那么将很难进行准确的测量。

图 3.5　激光跟踪器测量 1.3 m 反射面

2）摄影测量

摄影测量用于从多幅图像中确定特征位置。该方法是非接触式并且是实时的，消除了激光跟踪器测量的缺点。摄影测量时，每幅图像（照片）必须包含已知比例尺，并且要拍摄一系列图像以提供被测对象的多个视角。拍摄的图像数量越多，测量的精度也会越高，测量分辨率为 0.01 mm。设置好相机参数后，近距离使用时可以获得稍好的效果，但与激光跟踪器测量一样，在这种情况下，精度会随着距离的增大而降低，这主要是相机中电荷耦合传感器和光学元件的分辨率所导致的。

对于航天器件检查，每张照片中的"靶标点"可以反光。该"靶标点"由一小块精确切割的圆形高反射材料制成，并带有黏性。"靶标点"可以是多种尺寸，从直径小于 2 mm 到直径为 6 mm 或更大。在对反射面进行测量时，"靶标点"以一定的间距和密度分布在被测表面，这些间距和密度可以较好地反映被测表面的特性。另外，应将"靶标点"放置在反射面上的已知位置处，以建立坐标系。摄影测量还可以在不同的环境下进行，如在真空环境下，可以检查反射面的热弹性。然而，如何准确进行测量还需要进一步研究。摄影测量如图 3.6 所示。

图 3.6　使用摄影测量进行反射器表面测量

3.2　反射面结构测试

在反射面结构制造和组装的各个阶段都应进行测试。如果只是在完成装配之后进行测试，从而确定是否将不合格的材料或不合格的组件集成到了反射面组件中，将会严重影响计划进度和预算。反射面结构测试重在制造过程测试和环境载荷测试。

3.2.1 制造过程测试

根据反射面的制造进度、时间和材料投入情况，应该在整个制造过程中进行测试，以便筛选材料、过程和子组件，尽早发现问题。

1. 材料验收和过程中的表面测试

组件中使用的所有材料都应先作为测试的一部分进行筛选，以确保它们满足最低要求，然后用于后续组件的制造。材料验收测试能够确定所购买的材料是否符合要求。即使已经通过材料验收测试确认了材料的性能，也仍然有必要验证生产过程中的变量，以确保层压板叠层与图纸匹配，并且按照规定的固化周期进行处理，以及确保纤维体积和空隙含量在公差范围内。通常通过对夹心的切口或标签端进行平面拉力测试来检查夹心胶的性能。夹层黏结的完整性也可以通过透射超声波测试等无损评估手段来检查。

由于反射面具有特定的几何形状，因此只能在装配级环境测试中检查用于配件和肋条的室温结合力是否合格。此外，检查人员必须通过目测检查黏合剂是否已正确涂覆，并且通过对黏合剂样品进行硬度测试，确认黏合剂是否正确混合和固化。

2. 非破坏性测试

在许多情况下，在组件制造过程中进行一定程度的无损评估（NDE）是有意义的，这样可以避免在花费大量时间和精力之前先识别和解决一些结构完整性问题。航天组件常见的 NDE 技术是硬币攻丝测试和自动超声扫描。经验丰富的操作员通过简单的硬币攻丝（镍）测试即可发现组件极小的缺陷。大多数自动超声扫描仪都是为扫描平板而设计的，通常只能在 X、Y 平面（而非 Z 平面）上扫描。这意味着，在执行自动超声扫描时，需要实现自动 Z 轴功能或以较小的区域段扫描表面来满足平面度偏差要求。图 3.7 所示为自动超声扫描。

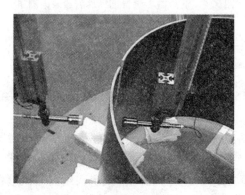

图 3.7 自动超声扫描

3.2.2 环境载荷测试

反射面天线作为航天组件之一，在发射前都必须经过严格的环境载荷测试，以确保它能够在发射环境中幸存下来，并在空间站上工作后仍满足所有设计要求。

1. 环境载荷测试的首选顺序

反射面环境载荷测试的首选顺序如下：

（1）尺寸检查。尺寸检查是指基准表面图形和界面位置检查，初检时将其用作"先验检查"的标准。重复进行此检查，将其作为中间检查或后检查，并且作为测试成功标准的一部分，以确保反射面的结构完整性没有受到损害。

（2）模态特征基线建立。对于某些较大的反射面或具有特定结构要求的反射面，在执行任何测试前，应建立反射面的模态特征基线。将此基线作为测试成功标准的一部分并且在中间检查或后检查中重复使用，以确认反射面的结构完整性没有受到损害。

（3）温循测试。此测试能够非常有效地筛选出被测试过程或被 NDE 忽略的不良层压板或胶黏剂失效等缺陷。

（4）热变形测试。为了方便起见，实际上仅将热变形测试放在流动顺序中，因为它可以与温循测试结合进行，以节省设置和测试时间。热变形测试可以在测试顺序中的任何一环节进行。

（5）静态载荷测试。对于一些较大的反射面或具有特定结构要求的反射面，应该对某些接口执行静态载荷测试。但是要注意，对施加的负载进行反作用通常会使静态载荷测试失真。

（6）正弦振动/脉冲测试。该测试的目的是激发较低频率（低于 100 Hz）的反射面，以使其实现准静态加载。

（7）声学测试。该测试的目的是在更高的频率范围内以声学方式激振反射面结构，也可用于加载反射面的界面。

在各个测试之间及各个测试之后，应该进行检查或验证，以确保反射面没有发生永久性损坏或退化。根据确切的反射面设计和最终的项目要求，判断是否可以进行下一项或多项检测，如外观检查、尺寸检查、无损评估和模态检测等。

2. 反射面热环境测试

在反射面环境载荷测试中，对于高精度大口径反射面天线而言，相关热环境的测试极为重要，特别是对于星载反射面天线而言，热载荷是其受到的最为重要的载荷，因此，下面对反射面热环境测试做详细介绍。

1）温循测试

温循测试是对复合材料及其黏结结构组件的关键测试之一。在任意复合反射面组件中，材料之间都有许多界面，它们的热膨胀系数和刚度不同，因此热应变会产生很大的应力。纤维与基底、芯与表面、复合层压板或芯的金属配件以及黏合剂填充的接头是最明显的，但是在许多其他区域，温度诱发的应变可能会使组件承受过大的压力。

在进行任何其他环境测试之前，通过温循测试对装配进行实验是验证关键接口处的接合接头处是否准备妥当并正确接合的一种非常有效的方法。根据热温度的要求，热循环还可以在一定程度上对室温固化型胶黏剂进行后固化，这在几乎所有情况下都将导致关键接口收缩，从而产生少量的附加应变。温循测试还具有减轻和平衡组件中应变的作用。对于表面形状是关键设计参数的反射面来说，温循测试是稳定组件尺寸的关键步骤。

如果关键接口处包含关键结构或结构链接，则应该在较低级别的组件、层压板、夹层板和子组件上进行温循测试，以降低顶层组件的技术风险。

由于反射面的某些结构元件具有亲水特性，因此在干燥环境中进行冷热循环以防止结冰非常重要，但更重要的是要防止聚合物中的水分冻结或组件中的空隙导致微裂纹或其他故障。通常在干燥的氮气环境中先进行热循环，并将组件中的水分烘烤 12 至 24 小时，然后进行冷循环。

2）热变形测试

除非有特殊原因需要执行真空测试，否则在干燥的环境中进行温循测试通常可以满足天线反射面的测试要求。表面轮廓和在轨环境中的轮廓稳定性是反射面的关键参数，如果在发射前未对每个单元进行验证，则必须针对某种设计进行验证。如果反射面发生无法预测的扭曲，则所产生的畸变可能会对射频波束的形状和指向产生深远影响，从而对卫星的有效载荷性能产生灾难性的损害。

在温度达到所需精度的条件下再执行热变形测试是一项具有挑战性的工作，目前仅卫星主要承包商和少数复合材料制造商有这个能力。常规的热变形测量技术是摄影测量。由于摄影测量的图像结果还取决于来自多个视角的照片，因此要求在测试过程中将被测设备或摄影相机多次重新放置。同时，还要求在测试温度范围内参考刻度尺不随温度变化而变化。图 3.8 给出了多个反射面的热变形测试设备。

图 3.8　多个反射面的热变形测试设备

　　大部分反射面的热变形测试都是建立在反射面相对于卫星固定接口的热变形测试基础上的，该固定接口是能够固定安装反射面、单个铰链或万向节接口的"支脚"，通常用于可展开式或可折叠式的反射面。在这种情况下，热变形测试的结果不适用于任何特定的在轨环境，因此应该将温度测试模型与结构有限元模型进行关联，然后结合热分析结果来预测实际在轨的热变形。

3.3　天线结构力学方程

　　天线结构位移场分析可归结为静力分析和动力分析。其中，静力分析方程为

$$\boldsymbol{K\delta} = \boldsymbol{F} \tag{3-1}$$

式中：$\boldsymbol{K}$ 为刚度矩阵；$\boldsymbol{\delta}$ 为有限元节点位移列向量；$\boldsymbol{F}$ 为节点外载荷列向量。

　　动力分析方程为

$$\boldsymbol{M\ddot{\delta}} + \boldsymbol{C\dot{\delta}} + \boldsymbol{K\delta} = \boldsymbol{F} \tag{3-2}$$

式中：$\boldsymbol{M}$ 为质量矩阵；$\boldsymbol{C}$ 为阻尼矩阵；$\boldsymbol{\ddot{\delta}}$、$\boldsymbol{\dot{\delta}}$ 和 $\boldsymbol{\delta}$ 分别为有限元节点的加速度列向量、速度列向量与位移列向量。

若式(3-2)右端 F 为 0，则表示天线结构不受外载荷作用而处于自由振动状态，其解反映了天线结构本身的特性，即天线结构的固有频率和振型。

3.4 天线结构有限元建模

有限元法(Finite Element Method，FEM)是求解数学、物理问题的一种数值近似计算方法，也是解决实际工程问题的一种有力的数值计算工具。利用有限元法可以对复杂的工程结构进行结构应力和应变分析，从而设计出受力良好的工程结构。有限元法是以电子计算机为工具的一种现代数值计算方法，该方法不仅能用于工程中复杂的非线性问题、非稳健问题(如结构力学、流体力学、热传导、电磁场等方面的问题)的求解，而且可用于工程设计中复杂结构的静态和动力分析，并能准确地计算形状复杂零件(如机架、汽轮机叶片、齿轮等)的应力分布和变形，是复杂零件强度和刚度计算的有力分析工具。

进行天线结构有限元分析的一般步骤如下：

(1) 建立计算力学模型，即简化实际结构，删除细节，利用天线结构对称性，得到近似的力学模型。

(2) 结构离散化，即将计算力学模型分解为各种类型的若干单元，并进行节点编号与单元编号，实现有限元网格划分。

(3) 确定边界约束条件，即根据结构与外界的约束性质，建立合适的边界条件，同时要保证符合实际情形的准确约束。

(4) 计算节点等效载荷，即将非节点载荷转换为等效的节点载荷。

(5) 组成结构的整体刚度阵，即把所有单元的刚度阵对号入座、叠加，组成天线结构的总刚度阵。

(6) 求解有限元方程，得到各有限元节点的位移、单元的应力等。

(7) 整理、分析结果，即采用科学可视化的方法，以形象的彩色云图来表示结构位移、应力等。

3.4.1 有限元基本原理

有限元法起源于 20 世纪 40 年代至 50 年代发展起来的杆系结构矩阵位移法。1956 年，Turner 等人将这一思想加以推广，用来求解弹性力学平面问题。1960 年，Clough 把这种解决弹性力学问题的方法命名为"有限元法"。此后，有限元法获得迅速发展，并逐渐趋于成熟，它以理论基础坚实、通用性和实用性极强等突出优点而被公认为是最有效的数值计算方法。

用于结构分析的有限元法形式繁多，概括起来有协调模型有限元法、平衡模型有限元法和杂交模型有限元法。其中协调模型有限元法应用最为广泛。它以位移为基本未知数，依据最小势能原理建立有限元公式。它的理论基础是最小势能原理，它的基本思路是从整体到局部，再从局部到整体，通过局部近似得到整体的近似解答。

在载荷作用下，弹性体内任意一点的应力状态可由 6 个应力分量 σ_x、σ_y、σ_z、τ_{xy}、τ_{yz}、τ_{zx} 来表示，其中 σ_x、σ_y、σ_z 为正应力，τ_{xy}、τ_{yz}、τ_{zx} 为切应力。应力分量及其正方向如图 3.9 所示。

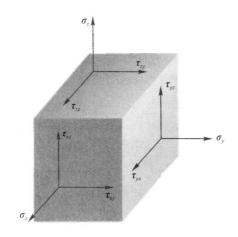

图 3.9　应力分量及其正方向

应力分量组成的矩阵称为应力列阵或应力向量，表示如下：

$$\boldsymbol{\sigma}=\begin{bmatrix}\sigma_x\\\sigma_y\\\sigma_z\\\tau_{xy}\\\tau_{yz}\\\tau_{zx}\end{bmatrix}=\begin{bmatrix}\sigma_x,\ \sigma_y,\ \sigma_z,\ \tau_{xy},\ \tau_{yz},\ \tau_{zx}\end{bmatrix}^{\mathrm{T}} \qquad (3-3)$$

式中，上标"T"表示矩阵的转置符号。

弹性体在载荷作用下还将产生位移和变形，即弹性体位置的移动和形状的改变。弹性体内任意一点的位移可由沿直角坐标轴方向的 3 个分量 u、v、w 来表示。其矩阵形式是

$$\boldsymbol{u}=\begin{bmatrix} u \\ v \\ w \end{bmatrix}=[u,\ v,\ w]^{\mathrm{T}} \tag{3-4}$$

称作位移列阵或位移向量。

弹性体内任意一点的应变可由 6 个应变分量 ε_x、ε_y、ε_z、γ_{xy}、γ_{yz}、γ_{zx} 来表示，其中 ε_x、ε_y、ε_z 为正应变，γ_{xy}、γ_{yz}、γ_{zx} 为切应变。应变的矩阵形式是

$$\boldsymbol{\varepsilon}=\begin{bmatrix} \varepsilon_x \\ \varepsilon_y \\ \varepsilon_z \\ \gamma_{xy} \\ \gamma_{yz} \\ \gamma_{zx} \end{bmatrix}=[\varepsilon_x,\ \varepsilon_y,\ \varepsilon_z,\ \gamma_{xy},\ \gamma_{yz},\ \gamma_{zx}]^{\mathrm{T}} \tag{3-5}$$

称作应变列阵或应变向量。

下面给出三维空间问题的弹性力学基本方程。

1. 平衡方程

平衡方程为

$$\begin{cases} \dfrac{\partial \sigma_x}{\partial x}+\dfrac{\partial \tau_{xy}}{\partial y}+\dfrac{\partial \tau_{zx}}{\partial z}+\overline{f_x}=0 \\[2mm] \dfrac{\partial \tau_{xy}}{\partial x}+\dfrac{\partial \sigma_y}{\partial y}+\dfrac{\partial \tau_{yz}}{\partial z}+\overline{f_y}=0 \\[2mm] \dfrac{\partial \tau_{zx}}{\partial x}+\dfrac{\partial \tau_{yz}}{\partial y}+\dfrac{\partial \sigma_z}{\partial z}+\overline{f_z}=0 \end{cases} \tag{3-6}$$

其中 $\overline{f_x}$、$\overline{f_y}$、$\overline{f_z}$ 分别为单元体积的体积力在 x、y、z 方向的分量。

平衡方程的矩阵形式是

$$\boldsymbol{A}\boldsymbol{\sigma}+\overline{f}=0 \tag{3-7}$$

其中 $\boldsymbol{A}$ 为微分算子，可以表示为

$$\boldsymbol{A}=\begin{bmatrix} \dfrac{\partial}{\partial x} & 0 & 0 & \dfrac{\partial}{\partial y} & 0 & \dfrac{\partial}{\partial z} \\[2mm] 0 & \dfrac{\partial}{\partial y} & 0 & \dfrac{\partial}{\partial x} & \dfrac{\partial}{\partial z} & 0 \\[2mm] 0 & 0 & \dfrac{\partial}{\partial z} & 0 & \dfrac{\partial}{\partial y} & \dfrac{\partial}{\partial x} \end{bmatrix} \tag{3-8}$$

2. 几何方程

在微小位移和微小变形的情况下，略去位移导数的高次幂，则应变向量和

位移向量间的集合关系为

$$\begin{cases} \varepsilon_x = \dfrac{\partial u}{\partial x}, \ 2\varepsilon_{xy} = \gamma_{xy} = \dfrac{\partial v}{\partial x} + \dfrac{\partial u}{\partial y} \\[2mm] \varepsilon_y = \dfrac{\partial v}{\partial y}, \ 2\varepsilon_{yz} = \gamma_{yz} = \dfrac{\partial w}{\partial y} + \dfrac{\partial v}{\partial z} \\[2mm] \varepsilon_z = \dfrac{\partial w}{\partial z}, \ 2\varepsilon_{zx} = \gamma_{zx} = \dfrac{\partial u}{\partial z} + \dfrac{\partial w}{\partial x} \end{cases} \tag{3-9}$$

几何方程的矩阵形式是

$$\boldsymbol{\varepsilon} = \boldsymbol{L}\boldsymbol{u} \tag{3-10}$$

其中 $\boldsymbol{L}$ 为微分算子，可以表示为

$$\boldsymbol{L} = \begin{bmatrix} \dfrac{\partial}{\partial x} & 0 & 0 \\[2mm] 0 & \dfrac{\partial}{\partial y} & 0 \\[2mm] 0 & 0 & \dfrac{\partial}{\partial z} \\[2mm] \dfrac{\partial}{\partial y} & \dfrac{\partial}{\partial x} & 0 \\[2mm] 0 & \dfrac{\partial}{\partial z} & \dfrac{\partial}{\partial y} \\[2mm] \dfrac{\partial}{\partial z} & 0 & \dfrac{\partial}{\partial x} \end{bmatrix} \tag{3-11}$$

3. 物理方程

弹性力学中应力、应变之间的转换关系也称弹性关系。对于各向同性的线弹性材料，相应的物理方程就是广义 Hooke 定律，即

$$\begin{cases} \varepsilon_x = \dfrac{1}{E}\left[\sigma_x - \mu(\sigma_y + \sigma_z)\right], \ \gamma_{xy} = \dfrac{1}{G}\tau_{xy} \\[2mm] \varepsilon_y = \dfrac{1}{E}\left[\sigma_y - \mu(\sigma_z + \sigma_x)\right], \ \gamma_{yz} = \dfrac{1}{G}\tau_{yz} \\[2mm] \varepsilon_z = \dfrac{1}{E}\left[\sigma_z - \mu(\sigma_x + \sigma_y)\right], \ \gamma_{zx} = \dfrac{1}{G}\tau_{zx} \end{cases} \tag{3-12}$$

其中 E 为材料的弹性模量，μ 为泊松比，G 为剪切模量，三者之间的关系表示如下：

$$G = \dfrac{E}{2(1+\mu)} \tag{3-13}$$

物理方程的矩阵形式是

$$\boldsymbol{\sigma} = \boldsymbol{D}\boldsymbol{\varepsilon}$$

其中

$$\boldsymbol{D} = \begin{bmatrix} 1-\mu & \mu & \mu & 0 & 0 & 0 \\ \mu & 1-\mu & \mu & 0 & 0 & 0 \\ \mu & \mu & 1-\mu & 0 & 0 & 0 \\ 0 & 0 & 0 & \dfrac{1-2\mu}{2} & 0 & 0 \\ 0 & 0 & 0 & 0 & \dfrac{1-2\mu}{2} & 0 \\ 0 & 0 & 0 & 0 & 0 & \dfrac{1-2\mu}{2} \end{bmatrix} \quad (3-14)$$

称为弹性矩阵，它完全取决于弹性体材料的弹性模量 E 和泊松比 μ。

3.4.2 APDL 参数化建模

ANSYS 提供的二次开发工具有三个：ANSYS 参数化设计语言（ANSYS Parametric Design Language，APDL）、用户界面设计语言（User Interface Design Language，UIDL)和用户可编程特性（User Programmable Features，UPF）。其中，前两种可归为标准使用特性，后一种为非标准使用特性。

（1）APDL：实现 ANSYS 中的大部分操作，包括参数化设计建模、边界条件定义、数据后处理等。APDL 的特点是可以一次性完成整个分析过程，工作效率高，对于相似问题的分析，只要对程序进行少量的修改即可重新使用。

（2）UIDL：用于 ANSYS 自定义界面的开发，包括菜单栏、对话框等的开发。

（3）URF：提供强大的功能，用户使用它对 ANSYS 在源代码级别层次上进行功能扩展。

一个典型的 ANSYS 批处理分析文件由前处理(Preprocessing)模块、求解(Solution)模块、后处理(Postprocessing)模块三部分组成。

1. 前处理模块

ANSYS 软件的前处理模块主要实现三种功能：参数定义、实体建模和网格划分。

1) 参数定义

ANSYS程序在进行结构建模的过程中，首先要对所有被建模型的材料进行参数定义，包括定义所使用的单位制、单元类型、单元的实常数、材料的特性以及材料库文件。

2）实体建模

在实体建模过程中，ANSYS 程序提供了两种方法：从高级到低级的建模方法与从低级到高级的建模方法。

3）网格划分

在 ANSYS 软件中，有限元网格是由程序自己来完成的。ANSYS 的网格划分有自由网格划分（Free Meshing）和映射网格划分（Mapping Meshing）两种。自由网格划分主要用于划分边界形状不规则的区域，它所生成的网格相互之间呈不规则排列；缺点是分析精度不高。复杂形状的边界常选择自由网格划分。映射网格划分是将规则的形状（如正方形、三棱柱等）映射到不规则的区域（如畸变的四边形、底面不是正多边形的棱柱等）上面，它所生成的网格相互之间呈规则排列，分析精度很高。

2. 求解模块

求解模块用于对已经生成的有限元模型进行力学分析和有限元求解。用户可以定义分析类型、载荷并指定载荷步。

1）定义分析类型

用户可以根据所施加载荷条件和所要计算的响应来定义分析类型。可供选择的分析类型有静态（或稳态）、瞬态、调谐、模态、谱、挠度和子机构。

2）定义载荷

这里的载荷是广义载荷，包括边界条件（约束、支承或边界场的参数）和其他外部或内部作用载荷。在 ANSYS 中，载荷分为 6 类：DOF 约束、力、表面分布载荷、体积载荷、惯性载荷和耦合场载荷。

3）指定载荷步

载荷步仅仅指可求解的载荷配置。例如：在结构分析中，可以将风荷施加于第一个载荷步，将重力施加于第二个载荷步等。

3. 后处理模块

完成计算后，可以通过后处理模块向输出文件输出需要的数据。ANSYS 程序的后处理模块包含两个部分：通用后处理模块（POST1）和时间历程后处理模块（POST26），利用这两个模块可以很方便地获得求解的计算结果。

在结构优化中，可以用 APDL 编制的结构批处理文件来进行有限元分析。在结构优化的迭代过程中，结构的有限元模型会不断地发生变化，从而批处理文件中相应位置上的参数也会发生变化。

例如，在面天线结构中对 L 型梁单元的截面形状的定义如下：

SECTYPE，2，beam，L

SECOFFSET，CENT

SECDATA，0.04，0.04，0.005，0.005

　　⋮

type，3

secnum，2

mat，1

EN，12215，12217，12218，14045，14046

　　⋮

上面第三行 SECDATA 命令后的 4 个数字是对梁截面形状尺寸的定义，依次对应着角钢截面的边长 W_1、W_2 和厚度 t_1、t_2。若在结构优化中，将上面的 W_1、W_2、t_1、t_2 作为设计变量，则在迭代过程中要不断地改变这 4 个数值。改变这些数值可以采用如下方法：通过变量解析，并增加上述对梁单元的截面形状的定义（此过程中要识别一些命令对应的字符串，如"SECDATA"等），即

SECTYPE，6，beam，L

SECOFFSET，CENT

SECDATA，0.03，0.03，0.003，0.003

SECTYPE，2，beam，L

SECOFFSET，CENT

SECDATA，0.04，0.04，0.005，0.005

　　⋮

type，3

secnum，2

mat，1

SECNUM，6

EN，12215，12217，12218，14045，14046

secnum，2

　　⋮

上面命令流中加粗部分是为了完成归并变量的解析而加入的部分。由于面天线结构是大型、复杂的结构，要完成归并变量的解析比较复杂，因此采用了上面通用的归并变量解析方式。

综上可知，在优化迭代中要修改批处理文件，可以通过识别命令（字符串）的方式来完成。

3.4.3 载荷与约束处理

1. 载荷形式

ANSYS 中各种常见分析对应的载荷形式及其标识如表 3.1 所示。

表 3.1　ANSYS 中各种常见分析对应的载荷形式及其标识

分析类型	约　束	集中载荷	面载荷	体载荷
结构分析	平移 UX/UY/UZ、转动 ROTX/ROTY/ROTZ	集中力 FX/FY/FZ、集中力矩 MX/MY/MZ	压力 PRES	温度 TEMP、流量 FLUE
热分析	温度 TEMP	热流量 HEAT	对流 CONV、热流量 HFLUX	热生成 HGEN
流体分析	流速 VX/VY/VZ、压力 PRES、紊流动能 ENKE	流动速率 FLOW	流体结构界面 FSL、阻抗 IMPD	热生成 HGEN、力密度 FORC

当模型对称(反对称)时,为了简化模型和减少计算量(如果达不到简化模型的目的,则无需设置对称边界),可以选取模型的一部分进行计算,但对称轴处的约束无法知道(有的位移可能为 0,也可能不为 0),使用对称(反对称)边界条件后程序会自动计算。通常情况下,当结构受到对称(反对称)载荷(力学里的概念:在平面内绕对称轴旋转 180°,若载荷的作用点重合时作用方向相反,则是反对称载荷;若载荷的作用点重合时作用方向相同,则是正对称载荷)作用时,可以使用 *DSYM* 命令在节点平面上施加对称(反对称)边界条件。

2. 约束处理

在 ANSYS 中施加对称(反对称)约束可通过菜单操作实现:Solution→Define Loads→Apply→Structural→Displacement→Symmetry B. C. /Antisymm B. C. 。相关命令流为

　　　　DSYM,Lab,Normal,KCN

其中:Lab 为对称方式,Lab=SYMM 时为正对称,Lab=ASYM 时为反对称;Normal 为对称面在目前坐标系统(KCN)的法线方向,Normal=(X、Y、Z),当坐标系为非笛卡儿坐标系时,X 代表 ρ,Y 代表 θ,Z 代表 ϕ(坐标系为球坐标系或者环坐标系)。对称边界条件在结构分析中是指不能发生对称面外(out-of-plane)的移动(translations)和对称面内(in-plane)的旋转(rotations);反对称边界条件在结构分析中是指不能发生对称面内(in-plane)的移动(translations)和对称面外(out-of-plane)的旋转(rotations)。

3.5   天线传热学理论

3.5.1   热传导

热传导（Heat Conduction）是指物体依靠微观粒子热运动进行热量传递的现象。影响导热系数大小的主要因素是物质的整体温度、物质状态和物质种类。同一种物质的导热系数因其物理状态、化学组成及纯度的不同而不同。

在传热学中，常用欧姆定律的形式来分析热传导中热量（q）与温度差（Δt）的关系：

$$q = \frac{\Delta t}{R_t} \qquad\qquad (3-15)$$

式中，R_t 为平壁导热热阻。

3.5.2   热对流

热对流（Heat Convection）是指流体与固体直接接触时由于温差的存在而产生的热能传递。影响对流换热的因素主要有流体的物性参数以及换热表面的几何因素等。

热对流按流体流动状态可以分为层流（Laminar）和湍流（Turbulent）。层流是在流速低于临界速度（Critical Velocity）时形成的，对流传热主要通过沿壁面法向的热传导进行。过渡流型是流体流速略大于临界速度时存在的一种流型。湍流（紊流）是在流速大于过渡流型的流体流速时形成的。流体的层流与湍流示意图如图 3.10 所示。

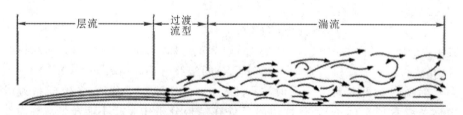

图 3.10   流体的层流与湍流示意图

热对流按流体流动原因可以分为自然对流和强迫对流。自然对流是由于流体温度不同造成的密度差引起的流动。强迫对流是在如风机或泵的外力作用下使流体产生压差而引起的流动。一般来说，强迫对流的流速较自然对流的流速高，表面换热系数也高。例如，空气自然对流时表面换热系数约为 $5\sim25$ W/(m²·K)，而在强迫对流情况下，表面换热系数可达到 $10\sim100$ W/(m²·K)。

流体与固体表面间的换热量(Φ)与它们的温差(t_w-t_f)成正比，具体为

$$\Phi=hA(t_w-t_f) \tag{3-16}$$

式中：h 为流体对流换热系数，单位为 W/(m²·K)，它是衡量对流换热的一个很重要的参数；A 是流固耦合面积，单位为 m²；t_w-t_f 为流固温度差，单位为 K。

3.5.3 热辐射

由于自身温度或者热运动而激发产生的电磁波传播称为热辐射(Thermal Radiation)。温度是电子振动和激发的基本原因，热辐射主要取决于发射物体的温度。

在进行热辐射分析时，需要引入黑体、白体和灰体的概念。如果物体能够吸收所有的外来射线，即吸收比 $\alpha=1$ 且反射比 $\rho=0$，则这类物体称为黑体(Black Body)。如果物体能够全部反射外界投射过来的射线，即吸收比 $\alpha=0$ 且反射比 $\rho=1$，则这类物体称为白体(White Body)。然而自然界中并不存在绝对的黑体和白体，它们只是实际物体辐射特性的理想模型。大部分物体对热辐射能只能吸收一部分而反射其余部分，这类物体称为灰体(Gray Body)。灰体的反射比 ρ 在 $0\sim1$ 之间，具体取决于物体的种类及其表面状态。

因为黑体的辐射能力在相同温度的物体中是最大的，所以对其他物体的辐射特性进行分析时，常以黑体的辐射能力为标准。黑体的辐射能力 q_b 为

$$q_b=\sigma T_b^4 \tag{3-17}$$

式中：σ 为黑体辐射常数；T_b 为黑体表面热力学温度，单位为 K。

3.6 温度场与结构变形分析

在天线结构系统中，与热有关的耦合问题有包含温度影响的多种场耦合问题，如温度场与结构变形相互作用的热-结构耦合(即热传导)，温度场与流体运动相互作用的流场-温度场耦合(即流-热耦合)，流场与结构位移相互作用的流-结构耦合(即流-固耦合)，温度场、流场与结构位移相互作用的流-热-固耦

合。下面简要介绍微波天线热分析中所涉及的方法及主要方程。

3.6.1　热-结构耦合分析

热传导方程为

$$\rho c \frac{\partial T}{\partial t}=\frac{\partial}{\partial x}\left(\tau\frac{\partial T}{\partial x}\right)+\frac{\partial}{\partial y}\left(\tau\frac{\partial T}{\partial y}\right)+\frac{\partial}{\partial z}\left(\tau\frac{\partial T}{\partial z}\right)+Q \tag{3-18}$$

其中：T 是天线阵温度；Q 是天线阵单位体积的热生成率；ρ 是天线阵单位体积的质量密度；c 是天线阵比热；τ 是天线热传导率；t 是时间。等号左边是单位时间内微元体热力学能的增量（非稳态项），等号右边的前三项之和是通过界面的导热而使微元体在单位时间内增加的能量（扩散项），最后一项是源项。如果在同一坐标方向上温度不发生变化，即该方向的净导热量为零，则相应的扩散项即从导热微分方程中消失。

要获得天线结构温度分布，需施加以下边界条件：

$$q=\frac{Q}{A}=-\tau\frac{\partial T}{\partial n}=h(T-T_f) \tag{3-19}$$

其中：q 是热流密度，单位为 W/m^2；A 是换热面面积，单位为 m^2；T_f 是流体温度，单位为 $℃$；h 是对流换热系数，单位为 $W/(m^2\cdot℃)$。

联立式（3-18）和式（3-19）即可求解对流换热问题的温度值。这里的热边界条件（对流换热系数）是已知的。在实际对流换热问题中，往往不能给出对流换热系数，热边界条件无法预先规定，它受流体与表面之间相互作用的制约。像这类热边界条件由热量交换过程动态地加以决定而不能预先规定的问题，称为流-热耦合传热问题。

3.6.2　流场-温度场耦合分析

在天线冷却系统中，流体为各向同性，并认为冷却流体不可压缩，流体的密度随温度的变化可以忽略不计。这些数学描述中包含流体特性和传热能量关系。流体动力学中换热微分方程组是这些守恒定律的数学描述，它们描述了流体运动的基本规律，是求解流体力学的依据和基础。对流换热微分方程组包括流体连续性方程、动量守恒方程以及能量守恒方程。

流体连续性方程遵守质量守恒定律。质量守恒定律中指出，质量既不能消失也不能凭空产生。其物理意义为单位时间内空间某一微元容积质量的增加等于流入该微元容积的净质量。流体连续性方程的微分形式为

$$\frac{\partial\rho}{\partial t}+\frac{\partial(\rho u)}{\partial x}+\frac{\partial(\rho v)}{\partial y}+\frac{\partial(\rho w)}{\partial z}=0 \tag{3-20}$$

式中：ρ 为流体密度；u、v、w 分别为速度矢量在 x、y、z 方向的分量。

　　动量守恒定律的物理意义为微元体内动量的增加率等于作用在微元体上各种力之和。其所描述的是流体的速度场。微元体的作用力包括体积力和表面力，由此可以得到动量守恒方程，也称为纳维-斯托克斯（Navier-stokes）方程。在 x、y、z 三个方向上的纳维-斯托克斯方程分别为

$$\rho\frac{\partial u}{\partial t}+\rho u\frac{\partial u}{\partial x}+\rho v\frac{\partial u}{\partial y}+\rho w\frac{\partial u}{\partial z}=-\frac{\partial p}{\partial x}+\mu\left(\frac{\partial^2 u}{\partial x^2}+\frac{\partial^2 u}{\partial y^2}+\frac{\partial^2 u}{\partial z^2}\right)+F_x$$

$$（3-21a）$$

$$\rho\frac{\partial v}{\partial t}+\rho u\frac{\partial v}{\partial x}+\rho v\frac{\partial v}{\partial y}+\rho w\frac{\partial v}{\partial z}=-\frac{\partial p}{\partial y}+\mu\left(\frac{\partial^2 v}{\partial x^2}+\frac{\partial^2 v}{\partial y^2}+\frac{\partial^2 v}{\partial z^2}\right)+F_y$$

$$（3-21b）$$

$$\rho\frac{\partial w}{\partial t}+\rho u\frac{\partial w}{\partial x}+\rho v\frac{\partial w}{\partial y}+\rho w\frac{\partial w}{\partial z}=-\frac{\partial p}{\partial z}+\mu\left(\frac{\partial^2 w}{\partial x^2}+\frac{\partial^2 w}{\partial y^2}+\frac{\partial^2 w}{\partial z^2}\right)+F_z$$

$$（3-21c）$$

式中：μ 为流体动力黏度；p 为微元体上的压力；F_x、F_y、F_z 分别为微元体三个方向上的体积力。

　　能量守恒定律的物理意义为微元体内热力学能的增加率等于单位时间内由外界传入微元体内的净热流量与外力（体积力和表面力）对微元所做的功率之和。由能量守恒定律分析进出微元体的各项能量，可得到能量守恒方程的微分形式：

$$\rho c_p\left[\frac{\partial T}{\partial t}+\frac{\partial(uT)}{\partial x}+\frac{\partial(vT)}{\partial y}+\frac{\partial(wT)}{\partial z}\right]=\lambda\left(\frac{\partial^2 T}{\partial x^2}+\frac{\partial^2 T}{\partial y^2}+\frac{\partial^2 T}{\partial z^2}\right)+S \quad （3-22）$$

式中：c_p 为流体比热容，单位为 J/(kg·K)；T 为热力学温度，单位为 K；λ 为流体传热系数，单位为 W/(m·K)；S 为流体内热源项生成热。

　　联立上述方程可最终精确得到整个天线在工作状态的结构温度。流—热耦合数值解法可分为分区求解法及整场求解法两大类。目前工程上主要采用整场求解法，即把不同区域中的热传递过程组合起来作为一个统一的换热过程来求解，不同的区域采用通用控制方程，仅在广义扩散系数及广义源项上有区别，通用控制方程的其他项不变，而耦合界面成为计算区域的内部。采用控制容积积分法导出离散方程时，界面上的连续性条件原则上都能满足，这样就省去了不同区域之间的反复迭代过程，使计算时间显著缩短。

　　处理界面上连续性条件的方法如下：

　　（1）相分界面上的当量扩散系数的计算方法。耦合问题中往往存在固体区与流体区，其内的温度场需要耦合求解。这时固体与流体的相分界面自然地成

为控制容积的界面，该界面上的当量扩散系数应该采用调和平均的方法。

（2）固体区中的比热容的取值方法。在采用整场求解法时，固体区与流体区中的导热系数采用各自的实际值，但固体区中的比热容应采用流体区中的比热容，这样才能保证耦合界面在物理上的热流密度连续。

（3）流体区中的孤立物体的处理方法。当固体区与计算边界相邻接时，可以采用把固体区作为黏性无限大的流体区的方法来保证固体区中的速度为零。

（4）固体表面辐射换热的处理方法。当气体与固体耦合时，相分界面上固体表面的温度是在计算中才能确定的，如果流场中还存在不同温度的固体表面，则应考虑不同固体表面之间的辐射换热，固体表面的净辐射换热量可以作为位于相分界面两侧的两个控制容积的附加源项进行处理。

3.6.3　热-结构耦合变形分析

热-结构耦合分析法包括直接法与间接法。直接法是指用包含温度和位移自由度的有限单元，通过一次求解得出耦合场的温度和应变分析结果。间接法是指将计算分析分步实施，通过把温度场分析的结果作为结构应力场分析的载荷来实现两种场的耦合。天线的热-结构耦合属于不存在高度非线性相互作用的情形，采用间接耦合解法更为有效和方便，可以独立地进行两种场的分析。将在流-热耦合计算中得出的天线温度场分析结果作为结构应力场分析的载荷，实现热-结构耦合计算。通过下式建立微波天线流-热耦合与热-结构耦合的联系：

$$\Delta T = T - T_0 \qquad\qquad (3-23)$$

其中：T_0 是天线初始参考温度；T 是流-热耦合计算温度；ΔT 是温差。

由于热膨胀，天线只产生线应变，切应变为零。同一般的静力问题类似，热变形可看作是在温度载荷作用下的节点位移。计算物体的热变形时只需算出热变形引起的初应变 ε_0，求得相应的初应变引起的等效节点载荷 $F_{\Delta T}$（即温度载荷），然后解得由于热变形引起的节点位移。也可以将热变形引起的等效节点载荷与其他载荷合在一起，求得包括约束引起的整体变形。物体经历大变形后几何形状会发生变化，单元体积或边界形状也随之改变，从而使热边界发生变化，结构温度改变。由于固体的变形很小，因此固体的变形对热计算的参数影响可以忽略不计。对于由热到结构的单向耦合，我们只考虑温度场对结构位移场的作用，即温差导致结构单元体的膨胀或缩小，从而产生应力。当瞬态温度变化趋于零，温度分布达到稳定状态时，先由热传导方程和温度边界条件求出温度分布，再由包含温度项的弹性方程求出位移和应力。热弹性力学的Hooke 定律公式如下：

$$
\begin{bmatrix} \sigma_{xx} \\ \sigma_{yy} \\ \sigma_{zz} \\ \tau_{yz} \\ \tau_{xz} \\ \tau_{xy} \end{bmatrix} = \frac{E}{(1+\mu)(1-2\mu)} \begin{bmatrix} 1-\mu & \mu & \mu & & & \\ \mu & 1-\mu & \mu & & & \\ \mu & \mu & 1-\mu & & & \\ & & & 0.5-\mu & & \\ & & & & 0.5-\mu & \\ & & & & & 0.5-\mu \end{bmatrix} \begin{bmatrix} \varepsilon_{xx} \\ \varepsilon_{yy} \\ \varepsilon_{zz} \\ \gamma_{yz} \\ \gamma_{xz} \\ \gamma_{xy} \end{bmatrix} - \frac{E\alpha T}{1-2\mu} \begin{bmatrix} 1 \\ 1 \\ 1 \\ 0 \\ 0 \\ 0 \end{bmatrix}
$$

$$(3-24)$$

其中：E 是弹性模量；μ 是泊松比；α 是热膨胀系数；ε_{xx}、ε_{yy}、ε_{zz}、γ_{yz}、γ_{xz}、γ_{xy} 分别为相应方向上的正应变和切应变；σ_{xx}、σ_{yy}、σ_{zz}、τ_{yz}、τ_{xz}、τ_{xy} 分别为相应方向上的正应力和切应力。

天线由温差引起的结构热应变为

$$
\boldsymbol{\varepsilon}_0 = \begin{bmatrix} \varepsilon_x \\ \varepsilon_y \\ \varepsilon_z \\ \gamma_{yz} \\ \gamma_{xz} \\ \gamma_{xy} \end{bmatrix} = \alpha \Delta T \begin{bmatrix} 1 \\ 1 \\ 1 \\ 0 \\ 0 \\ 0 \end{bmatrix}
$$

$$(3-25)$$

温差载荷强度为

$$
\boldsymbol{\sigma}_{\Delta T} = \boldsymbol{D}\boldsymbol{\varepsilon}_0 = \frac{E\alpha\Delta T}{1-2\mu} \begin{bmatrix} 1 \\ 1 \\ 1 \\ 0 \\ 0 \\ 0 \end{bmatrix}
$$

$$(3-26)$$

温差节点载荷列向量为

$$
\boldsymbol{F}_{\Delta T} = \int_V \boldsymbol{B}^{\mathrm{T}} \boldsymbol{\sigma}_{\Delta T} \, \mathrm{d}v \tag{3-27}
$$

$$
\boldsymbol{K}\boldsymbol{\delta} = \boldsymbol{F}_p + \boldsymbol{F}_q + \boldsymbol{F}_g + \boldsymbol{F}_{\Delta T} \tag{3-28}
$$

其中：$\boldsymbol{\varepsilon}_0$ 是结构温度引起的应变；ΔT 是天线温差；V 是天线体积；α 是天线热膨胀系数；$\boldsymbol{F}_{\Delta T}$ 是温差引起的等效节点载荷；$\boldsymbol{K}$ 是天线整体刚度阵；$\boldsymbol{\delta}$ 是天线结构位移；$\boldsymbol{B}$ 是应变矩阵；$\boldsymbol{\sigma}_{\Delta T}$ 是温差载荷强度；$\boldsymbol{F}_p$、$\boldsymbol{F}_q$、$\boldsymbol{F}_g$ 是结构约束载荷阵；$\boldsymbol{D}$ 是三维弹性矩阵；μ 是天线结构泊松比；E 是天线结构弹性模量。

3.6.4 星载偏置天线热分析流程

星载偏置天线的热分析贯穿卫星的研制和运行的全过程，对运行阶段的温度场变化进行准确计算是非常必要的。原因有以下几个：首先，热分析要为热设计提供基本依据，如外热流的大小、天线结构各部分受阳光照射的角度和照射时间等；第二，热设计过程中需要通过热分析来确定各种热控措施的效果，进行热优化设计；第三，为热环境模拟实验提供环境变化的依据。

星载偏置天线的热分析流程图如图 3.11 所示。首先，在天线的总体设计之后了解其结构功能及特点，并在此基础上建立工程分析的有限元模型；其次，根据轨道条件、天线结构形式及热物性参数，进行卫星轨道参数计算、角系数计算、空间外热流计算和天线阴影遮挡分析；再次，在建立的有限元模型上求解天线结构在空间热环境作用下的温度场和变形场；最后，应用机电耦合模型开展机电耦合分析，计算热变形时天线的电性能，并分析热变形对天线电性能的影响。

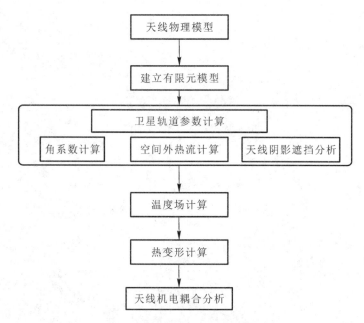

图 3.11 星载偏置天线的热分析流程图

由星载偏置天线热分析的流程图可知，其热分析主要包括卫星轨道参数计算、空间外热流计算、温度场计算、热变形计算 4 个方面。热分析的目的是根据天线在轨运行时的受热状况得到天线在轨的温度分布，计算天线的热变形，进而对星载偏置天线进行机电耦合分析，以在给定的运行条件下预测天线的电性能。

按上述步骤，星载偏置天线机电耦合分析的主要工作分为如下两个阶段：

第一阶段：

（1）卫星轨道参数计算。确定在轨道运行的任何时刻，卫星、地球和太阳之间的相对几何关系，以用于空间外热流计算。

（2）空间外热流计算。计算在轨道各个时刻卫星表面各部分所经受的太阳直接辐射、地球反射太阳辐射和地球红外辐射的辐射密度。

（3）天线阴影遮挡分析。主要计算不同天线结构在空间不同位置和不同运动状态下的照射阳面面积和阴面面积，为后续热分析提供对应的边界条件。

第二阶段：

（1）温度场和热变形计算。通过模拟仿真，计算在空间热环境作用下天线结构的温度分布、变形分布。

（2）天线机电耦合分析。应用偏置抛物面天线机电耦合模型对热变形后的星载偏置天线进行电性能计算，分析天线型面精度和电性能变化情况。

3.7 天线散热冷板

3.7.1 冷板分类

天线热控制方法中，冷板散热占据重要地位。冷板为单层板翅式换热器。发热元器件固定在冷板表面或者底板上，其热量经过翅片导热传递给流道，最终由流道内液体将热量带走。冷板是目前强迫通风气流冷却的较佳方式，其结构设计代表了目前高功率密度天线结构工艺水平。冷板冷却方式具有结构简单、效率高、热阻低等特点。其冷却气流与元器件隔绝，且气流中杂质、灰尘和水汽的腐蚀性影响小，容易达到"三防"要求。

使用冷板散热的优点如下：

（1）液冷方式的热传导率为传统风冷方式的 20 倍以上。

（2）冷板采用间接冷却方式，电子元器件不与冷却剂直接接触，因此可以提高工作可靠性。

（3）与直接冷却相比，冷却剂消耗量少，且便于使用散热性能更好的冷却剂。

（4）冷板装置的组件简单，结构紧凑，便于维修。

在应用冷板系统对天线进行冷却的过程中，根据冷板流道内冷却剂介质的不同，冷板可以分为以下几类：

（1）风冷式冷板。图 3.12 所示为风冷式冷板结构，其中，肋片是决定冷板散热性能的关键因素。通常肋片的厚度为 0.2～0.6 mm，肋间距为 0.5～5.0 mm，肋高为 2.5～20 mm，肋片材料通常为导热系数较大的铝或铜。肋片的结构可以分为三角形、矩形、多孔形、波形和锯齿形等。不同肋片的性能如下：

① 三角形肋、矩形肋：其当量直径小，有利于增强换热。

② 多孔形肋：靠孔区的紊流来提高换热系数，增强换热性能。

③ 波形肋：利用波形通道结构形成冷却剂的二次流动来增强换热性能。

④ 锯齿形肋：由于层流边界层的叠加，其换热能力有较大的提高。

风冷式冷板肋片结构形式多样，其结构形式直接决定了冷板的散热性能。

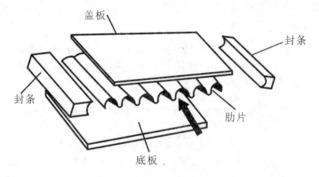

图 3.12 风冷式冷板结构

（2）液冷式冷板。液冷式冷板基材通常选用导热性能较好的铜、铝等板材，流道一般为圆形或方形，其热流密度可以达到 $46.5 \times 10^3 \, W/m^2$。图 3.13 所示为液冷式冷板结构，冷却剂从入口进入冷板，流经安装在冷板上的各个发热电子元器件后从出口流出，带走热量。流出冷板的冷却剂经外部冷却系统冷却后再被送入冷板中循环冷却。

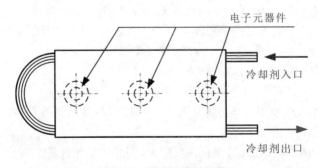

图 3.13 液冷式冷板结构

（3）储热式冷板。储热式冷板的冷却机理为在冷板上涂抹或填装具有高溶解热的相变材料，材料受热溶解时吸收耗散热量，达到散热目的。

（4）微通道式冷板。微通道指流体通道的水力直径在几微米到几百微米的通道。微通道式冷板因具有微尺寸以及高效换热性能而得到了广泛研究，其中，R. S. Myong、A. Barletta 等人在对微通道的研究中将轴向热传导速度滑移温度跳跃、黏度耗散、入口效应等因素加入冷板换热性能研究中，对冷板流道换热经典理论进行了修正。

（5）热管冷板。热管冷板的基本原理为利用相变散热达到高效冷却的目的。热管的导热过程包括传导、对流、辐射、冷凝等。热管是一种高效率利用相变传热的热传导器，其热阻可以达到千分之一摄氏度每瓦。

3.7.2　冷板选用原则

雷达冷却系统中普遍采用风冷和液冷两种形式对发热设备进行热控制。根据冷却介质温度控制形式的不同，一般来说，液冷冷却系统效率较高，尺寸小、结构紧凑，组成部件较多，系统复杂度高；而常规风冷冷却系统复杂度低，结构比液冷冷却系统简单，易于实现，但风冷冷却系统需要较大体积进行散热，不能对高热流密度环境进行散热，如自然风冷的热流密度为 $0.05 \ W/cm^2$，而强迫风冷可以提高一个数量级，但对于 $10 \ W/cm^2$ 的散热不适用，此外，风冷冷却系统易受外界环境的影响。

选取合适的冷却方法时需要考虑设备工作时发热设备的允许温升和热流密度。一般将允许温升和热流密度与坐标的交点所在冷却方式的覆盖范围作为选取冷却方式的依据。图 3.14 给出了各种冷却方式温升与热流密度的关系。

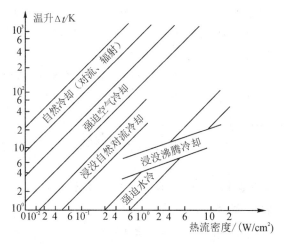

图 3.14　各种冷却方式温升与热流密度的关系

实际应用中，冷板的选择需要根据热源分布以及设备或电子器件的热流密度、许用温度、许用压降、工作环境等多种因素进行综合考虑。冷板的应用通常需满足均温性好、流阻小、体积小、重量轻、结构工艺性好、适合批量生产等要求。选用具体冷板进行散热冷却的基本原则如下：

（1）对于热量均布的中、小功率器件，可选用强迫风冷式冷板。

（2）对于高功率密度和大功率器件，可选用强迫液冷式冷板。

（3）对于按脉冲工况运行的天线元器件或天线的内部热源与外部环境之间的温度有较大的周期性变化，且安装空间受限制的器件，可选用储热式冷板。

（4）要求闭路温度控制的冷板，或将冷板用作密闭机箱的内部换热时，可选用热管冷板，但对工作位置频繁变换的天线，则不宜选用。

由于有源相控阵天线 T/R 组件高功率发热器件分布密集，综合考虑 T/R 组件热源分布、热流密度以及工作环境等因素后，选用液冷式冷板对有源相控阵天线 T/R 组件散热是最优的方式。

3.7.3　冷板参数

冷板参数主要包括以下几个。

1. 冷板表面的最高温度

冷板表面的最高温度是在使用冷板过程中需要控制的主要性能指标，它表征冷板的制冷性能。天线元件的工作温度不得超过允许值，如果温度过高，将导致电子元件性能降低，直至失效。天线元件的工作温度主要指电子元件的结点温度。电子元件结点至冷却流体的总热阻由三部分组成：内部热阻、外部热阻和系统热阻。内部热阻是指元件发热区到元件安装面之间的热阻；外部热阻是指元件安装面到基板的接触热阻；系统热阻是指基板与冷却流体之间的热阻。冷板表面的最高温度与系统热阻有关，系统热阻越小，越有利于降低冷板表面的最高温度。电子元件的结点温度限制了冷板表面的最高温度。冷板表面的最高温度越低，对于同一种冷却流体来说，冷板效率越高。

2. 冷却液的流动压降

冷却液的流动压降决定了冷板的运行功耗。如不考虑其他因素，冷却液的流动压降越小越好。

冷板内部流道的结构直接影响着冷板的制冷效果以及冷却液的流动压降。流道越长、拐角越多，其冷却液的流动压降损失就越明显，但是与冷板的换热更充分，制冷效果越明显。反之，流道越短、拐角越少，其冷却液的流动压降越小，但是与冷板的换热不充分，制冷效果不明显。

3. 单位温差传热功率

在用冷板对天线进行冷却时，主要是控制冷板表面的最高温度，使之低于技术指标要求。在此定义一个衡量冷板散热性能的指标——单位温差传热功率 Q_T，即在稳态时，冷板上的热载荷与冷板表面的最高温度和流体出口温度之差的比值，计算公式如下：

$$Q_T = \frac{Q}{\Delta t} = \frac{Q}{T_{max} - T_{out}} \qquad (3-29)$$

式中：Q 为天线发热总功耗；T_{max} 为冷板表面的最高温度；T_{out} 为流体出口温度。单位温差传热功率越大，对于同一种冷却流体来说，冷板效率越高。

4. 由单位温差传热功率引起的重量增加

由单位温差传热功率引起的重量增加也是冷板设计中的一个重要优选判据，尤其在航空工业领域更是如此。结构紧凑、重量轻是衡量冷板性能的一个重要指标。

3.7.4 冷板设计要点

有源相控阵天线冷板作为天线系统的散热设备，能够有效地降低天线阵面温度，减小天线系统因温度过高而引起的结构变形及器件电性能下降等。目前由于天线的迅速发展，以及天线雷达功能的需求，相控阵天线系统上集成了大量的发热器件，其发热量已经达到数十千瓦每平方米，如果不对雷达进行合理的散热，则高功率发热器件产生的大量热量无法及时散出，这可能会引起热变形、热应力，从而破坏天线结构，使雷达不能正常工作。因此，为保证天线系统能够正常工作，通常采用空气或者液体强迫对流换热。在众多流道结构形式中，S 形流道因其换热效率高、均热性好、成本低、可靠性高等优点，被广泛用在机载电子设备中。下面以深孔 S 形流道的机载有源相控阵天线为例对天线冷板进行热优化设计。

天线冷板热设计的基本任务是设计出满足雷达散热需求的冷却系统，使雷达系统能迅速地将其内部电子元器件产生的热量交换出去。设计关键在于为发热器件与散热环境寻找一条快速换热的低热阻通道，以便雷达迅速散热，从而满足可靠性的要求。热设计作为天线设计过程中必不可少的步骤，设计过程中主要考虑以下几个方面：

（1）冷却系统应具有良好的散热效果，以保证天线内需要进行散热设计的电子元器件在规定温度内能够正常可靠地工作。

（2）冷却系统应具备高的可靠性。在设计过程中，应考虑天线系统复杂多变的工作环境(包括高温、高压或长时间使用后因积灰过多、产生污垢等引起流阻增加而造成冷却系统散热能力下降的情况等),保证冷却系统在某些部分结构或功能遇到破坏甚至不能工作的情况下,冷却系统仍具有继续工作的能力。

(3)冷却系统应具有良好的安全性。冷却系统设计中需加强电器安全设计,同时也需防止转动部件及冷却介质等对操作人员造成危害。此外,还要确保冷却介质无泄漏,以及冷却介质与接触的元器件表面必须相容。

(4)冷却系统应具有良好的性价比。设计天线系统时,在满足功能要求的前提下,应使制造成本尽量低,且便于操作与维护。

3.8 天线结构振动响应分析

地震动会引起天线结构振动响应,因此,地震动一直是天线工程结构地震反应研究与抗震设计的基础。这就要求尽可能全面地定量描述地震动的工程特性。结构所受的地震动作用在时间和空间上都是随机变化的,所以要分析工程系统的性能,必须把地震动作为随机过程来建立可靠的模型,以随机过程的时域和频域分析作为理论基础。

3.8.1 非平稳振动分析方法

地震动的非平稳特性(即其频谱的时变特性)引起了地震工程学界的广泛关注,采用时频分析方法描述地震动的非平稳特性已成为地震动谱分析的一种趋势。在地震工程学领域,常用的时频分析方法有短时傅里叶变换(STFT,时变谱)、Wigner-Ville 分布(WVD,瞬时谱)、双频谱法、演变谱法、小波变换(WT)和 Hilbert-Huang 变换(HHT)等。

1. 短时傅里叶变换

通过傅里叶变换,地震动可分解成不同的频率分量,也就是说,可以以频率为自变量来表示地震动频谱。但是傅里叶变换是一种整体变换,它对地震动的表征要么完全在时域,要么完全在频域,作为频域表示的复制谱或功率谱并不能说明某种频率分量出现在什么时候及其变化情况。而且,地震动是非平稳的,其频谱成分是时变的,在这种情况下,只了解地震动在时域或在频域的全局特性是远远不够的,最希望得到的是地震动的频谱随时间变化的情况。

短时傅里叶变换(STFT)实质是加窗的傅里叶变换,它是由 Gabor 首先提出的。STFT 的定义为

$$\text{STFT}_x(t, f) = \int_{-\infty}^{\infty} [x(\tau)\omega(\tau-t)]\text{e}^{-\text{i}2\pi ft}\text{d}\tau \tag{3-30}$$

它用一个固定宽度的时间窗函数 $\omega(t)$ 与地震波位移相乘,再进行傅氏变换,得到对应于每个时刻的傅氏谱分解。这样 $\text{e}^{-\text{i}2\pi ft}$ 起变频作用,$\omega(t)$ 起时变作用,即时变谱。STFT 假定在每个窗内是平稳的并且分析前需要选好窗函数的长度和形状。但根据 Heisenberg 的不确定性原理,其时频分辨率不能同时达到很高,在选择时频分辨率时必须进行折中处理。此外,短时傅里叶变换在时频平面内的分辨率是单一的,对时频平面是格型划分,因此只适用分析具有固定不变带宽的非平稳信号。

2. Wigner-Ville 分布

Wigner-Ville 分布(WVD,瞬时谱)将随机过程 $x(t)$ 的瞬时自相关函数和功率谱密度分别定义为

$$\phi_x(\tau, t) = E\left[x\left(t-\frac{\tau}{2}\right)x\left(t+\frac{\tau}{2}\right)\right] \tag{3-31}$$

$$\Phi_x(\tau, t) = \int_{-\infty}^{\infty} \phi_x(\tau, t)\text{e}^{-\text{i}2\pi ft}\text{d}\tau \tag{3-32}$$

WVD 具有明确的物理意义:WVD 能够将地震动的能量分布表示在联合的时频域中,并且进行人工地震动合成。它最主要的缺陷是存在交叉干扰,而且在某些频段内有负能量。尽管自相关积分是以时间 t 为中心的,但考虑到谐波是连续的,时滞 τ 上的信号特点可能与 t 时刻的不同,所以 WVD 不是真正的局部谱。实际上信号都是有限时长的,分析时要用伪 Wigner-Ville 分布(PWVD)。PWVD 是加窗 WVD,从根本上说是一种加窗的傅里叶谱分析方法。

3. 双频谱法

通过广义傅里叶积分,非平稳随机过程 $x(t)$ 的时变协方差函数可表示为

$$C_x(t_1, t_2) = \int_{-\infty}^{\infty}\int_{-\infty}^{\infty} \text{e}^{\text{i}(\omega_2 t_2 - \omega_1 t_1)}S_x(\omega_1, \omega_2)\text{d}\omega_1\text{d}\omega_2 \tag{3-33}$$

通过逆变换可得双频谱:

$$S_x(\omega_1, \omega_2) = \frac{1}{4\pi^2}\int_{-\infty}^{\infty}\int_{-\infty}^{\infty} C_x(t_1, t_2) \cdot \text{e}^{\text{i}(\omega_1 t_2 - \omega_2 t_1)}\text{d}t_1\text{d}t_2 \tag{3-34}$$

双频谱法属于频域法,它不仅可以导出非平稳情形下的广义 Wiener-Khinchin 公式,而且可以得到响应谱与其激励谱之间的简单代数关系,形式上与平稳情

形的结果完全对应,这是双频谱法的优点。但是双频谱不是在时间-频率面上,而是在两个频面上定义的,尽管它在数学上是严格的,但是它没有明确的物理意义,这就限制了这一方法的广泛应用。

4. 演变谱法

Priestley 提出了非平稳过程的演变谱法。其具体定义为

$$y(t) = \int_{-\infty}^{\infty} A(t, \omega) e^{i\omega t} \, dF_x(\omega) \tag{3-35}$$

式中:$A(t, \omega)$ 为慢变调制函数;$F_x(\omega)$ 是一个具有正交增量的随机过程,与平稳过程 $x(t)$ 有关,$x(t)$ 满足

$$x(t) = \int_{-\infty}^{\infty} e^{i\omega t} \, dF_x(\omega) \tag{3-36}$$

$$E[dF_x(\omega_1) \cdot dF_x(\omega_2)] = S_x(\omega) \cdot \delta(\omega_2 - \omega_1) d\omega_1 d\omega_2 \tag{3-37}$$

其中 δ 为狄拉克函数。

功率谱密度函数(PSDF)为

$$S_y(\omega, t) = |A(t, \omega)|^2 S_x(\omega) d\omega \tag{3-38}$$

演变谱法是分析线性系统响应的有力工具。但是用演变谱法来描述和模拟实际物理现象时,参数估计比较困难。除需要估计功率谱密度函数外,还需要有有关时间和频率的调制函数,并且需要分段平稳和各态历经性假定。

5. 小波变换

小波变换在时域和频域都具有表征信号局部特征的能力。基于小波变换的小波分析利用一个可以伸缩和平移的可变视窗能够聚焦到信号的任意细节进行时频域处理,既可看到信号的全貌,又可分析信号的细节,并且可以保留数据的瞬时特性。小波变换的实质就是采用一族小波函数来表示信号或函数。时域和频域良好的信息保留性使小波分析成为非平稳信号仿真的一个有力工具。

1) 连续小波变换

对于连续的情况,小波序列为

$$\psi_{a, b} = \frac{1}{\sqrt{|a|}} \psi\left(\frac{t-b}{a}\right), \quad a, b \in \mathbf{R}, a \neq 0 \tag{3-39}$$

式中:a 为伸缩因子;b 为平移因子。

对于任意的函数 $x(t) \in L^2(\mathbf{R})$,连续小波变换为

$$W_x(a, b) = |a|^{-1/2} \int_{-\infty}^{\infty} x(t) \psi\left(\frac{t-b}{a}\right) dt \tag{3-40}$$

2) 离散小波变换

在实际运用中,尤其是在计算机实现时,连续小波必须加以离散化。离散

化主要是针对连续的伸缩因子 a 和平移因子 b 的离散，公式为 $a = a_0$，$b = ka_0^j b_0$，其中扩展步长 $a_0 (\neq 1)$ 为定值，通常取 $a_0 > 1$，j 为离散的第 j 层尺度，k 为在整个时间轴上离散的数量，b_0 表示沿时间轴的采样间隔。离散小波序列 $\psi_{j,k}(t)$ 为

$$\psi_{j,k}(t) = a_0^{-j/2} \psi\left(\frac{t - ka_0^j b_0}{a_0^j}\right) = a_0^{-j/2} \psi(a_0^{-j} t - kb_0) \tag{3-41}$$

为了使小波变换具有可变化的时间和频率分辨率，适应待分析信号的非平稳性，需要改变 a 和 b 的大小。在工程中，广泛应用的是离散二进制小波变换，即 $a = 2^j$，$b = k2^{-j}$，其中 $a_0 = 2$，$b_0 = 1$，相应的离散小波序列 $\psi_{j,k}(t)$ 为

$$\psi_{j,k}(t) = 2^{-j/2} \psi(2^{-j} t - k), \quad j, k(t) \in \mathbf{Z} \tag{3-42}$$

小波变换和 STFT 相似，小波变换前需要选择母波并且在分析过程中母波不能改变，但它与 STFT 最大的不同之处是其分析精度可变，是一种加时变窗分析方法。小波变换在时频相平面的高频段具有高的时间分辨率和低的频率分辨率，而在低的频段具有低的时间分辨率和高的频率分辨率。尽管如此，小波变换也有自身固有的缺陷。首先，小波变换所面临的一个困难就是能量的泄漏问题，这一问题在 Morlet 小波变换中最为突出，这是由小波基函数限定的长度造成的，它使得对能量的时频分布进行数量上的定义变得很困难，因此，小波变换所得到的小波谱或尺度图仅是信号的一种时频表示，而不能称为时频分布。其次，在信号处理前要先确定母波，而小波变换的结果又取决于母波函数的选择，同一现象用不同的母波会得到不同的物理解释。第三，小波变换各频带间可能存在严重的频率混叠现象。第四，从本质上说，小波变换可以看作是一种可调整分析窗宽度的加窗傅里叶变换，它具有傅里叶变换的许多缺陷。

6. Hilbert-Huang 变换(HHT)

HHT 将时间序列数据经过经验模态分解(Empirical Model Decomposition，EMD)为一组固有模态函数(Intrinsic Mode Function，IMF)，再进行 Hilbert 变换，从而得到信号的时频分布。HHT 不同于以往的分析方法，它没有固定的先验基底，是自适应的，对稳态信号和非平稳信号都能进行分析。固有模态函数是基于序列数据的时间特征尺度得出的，不同的序列数据可得出不同的固有模态函数，每个固有模态函数可以认为是信号中固有的一个振动模态。通过 Hilbert 变换得到的瞬时频率具有清晰的物理意义，能够表征信号的局部特征。用此方法还可以定义信号的非平稳程度。

但经验模态分解过程中所采用的三次样条拟合包络会引入误差，从而使分析结果产生误差，特别是在分析两组靠得很近的频率分量时误差较大。因此，探讨采用使误差更小的拟合方法是值得研究的问题。

3.8.2 常用非平稳地震地面运动模型

早在 20 世纪 60 年代，研究者们已经认识到了实际地震地面运动包含强度和频率的非平稳性，但由于缺乏频率含量非平稳性对结构非线性地震响应具有明显影响的正确认识，以及缺乏对频率含量非平稳性的合理定量描述和存在数学处理上的困难，因此对地震动的模型化研究一直侧重于强度或时域的非平稳性。直到 1980 年，第七届世界地震工程会议召开以后，频率含量非平稳性的模型化研究才逐渐受到重视。对于可以模型化为平稳过程的激励，可以用自相关函数和谱密度函数来评估系统的响应和可靠度。但是对于地震动这样的非平稳过程，自相关函数和谱密度函数的表述就非常复杂，自相关函数和与之相对应的功率谱都是时变的。演变谱、物理谱和瞬时谱都可以描述频率的时变特点，在此基础上各国科学家提出了多种非平稳地震地面运动模型。

1. 调制过程模型

1) 均匀调制过程模型

一般地，典型地震动记录在强度上均表现出这样的性质：具有一定长度的上升时间，达到某一强度并基本平稳地维持一段时间，然后趋于衰减，直至地震动结束。地震动时域非平稳性的模型化最直接的方法是在平稳模型的基础上引入一个随时间变化的强度包络函数，即均匀调制过程：

$$a(t) = m(t)s(t) \tag{3-43}$$

式中：$a(t)$ 为非平稳地面加速度过程；$s(t)$ 为一平稳随机过程；$m(t)$ 是强度调制函数，其确定过程事实上是非平稳过程的平稳化过程。

地震动记录的强非规则性质使得不同记录具有各不相同的强度调制函数，即便是同一记录采用不同的平稳化方法也有可能得出不同的调制函数。工程上所关心的是具有统计意义的调制函数，因而常常假定其具有简单的参数形式，并给出了具有上升、平稳及衰减的三段曲线模型及其他多种包络函数模型。最常用的调制函数形式为指数型、梯型和混合型。事实上，只要强度包络函数随时间缓慢变化，其不同形式对于仿真记录的谱特性并无显著的影响。

从表达地震动谱特性的角度出发，功率谱与地震动反应谱的最明显弱点是它们不含有（对前者）或不明显含有（对后者）地震动相位的信息。而地震动的相位谱正是导致地震动频率变化不平稳的主要根源。大崎顺彦(Ohaski)的研究为强度非平稳性问题的处理提供了一个途径。他指出地震动强度包络函数与相位差谱的频数分布函数在一定程度上相似。因此，我们可以把在时间域内对地震动强度包络函数的研究改为在频率域内对地震动相位差谱频数分布函数的分析，即直接采用相位差谱非均匀分布的相位谱便可得到强度非平稳地震动时程。此后，我国学者胡贤、何训、朱昱、冯启民、赵凤新等对相位差谱进行了深入研究。朱昱和冯启民发现，采用对数正态分布相位差谱替代均匀分布随机相位产生的加速度时程是频率非平稳的；赵凤新和胡贤指出，对于频率非平稳过程，幅值谱对加速度时程包络的形状有着不可忽略的影响，采用相位差谱以反映包络函数只适用于频率平稳地震动过程。而对于频率非平稳时程的强度包络函数，振幅谱和相位差谱均具有不可忽略的影响。

2) 演变过程模型

地震动的频率成分对结构响应具有重要影响，所以必须考虑频率的时变性。虽然瞬时谱具有明确的物理意义，但在工程应用中却面临着难以估计和统计等方面的障碍。因而，在地震动频率非平稳性的演变过程模型研究中，长期以来主要形成了两个研究方向：一是瞬时谱的精确估计方法；二是瞬时谱的进一步模型化。比如，在以 Trifunac 等为代表的研究者提出移动窗傅里叶变换法和多重滤波法两种演变谱估计方法之后，Schueller 注意到这些方法的估计精度均依赖于过程的参数随时间和频率缓慢变化这一对于许多具有短强峰值的近场记录来说难以满足的假定，从而提出了用子过程分离方法进行估计。Conte 则采用时序分析中的 Kalman 滤波或适时滤波技术估计离散非平稳过程。无论采用哪种方法，以高分辨率同时在时域和频域上估计演变过程总是非常困难的，且估计过程中往往会引入许多非主观限制条件。

为了真正模拟出具有时域平稳特性的人工波，Saragoni 提出分段使用不同强度、不同频率成分的调制过滤高斯白噪声模型方法来模拟地震动加速度，这在某种程度上反映了实际地震动的频率非平稳性。这个模型的参数比较容易识别，但它在三个连续的时间区段上用三个平稳过程来表示，这就使频率含量存在多处突变，与实际物理现象不符。Der Kiureghian 对上述模型进行了改进——对非平稳随机过程进行分频段平稳过程调制，用若干均匀调制的有限带宽白噪声过程之和定义一个演变过程模型。这样在整个时域上，功率谱密度的变化都是连续的，不再有突变过程。

Li 和 Kareen 使用调制平稳时间序列的概念，把非平稳随机过程表示成由确定性的时间函数调制的相关平稳过程之和，通过与期望演变谱相对比来确定平稳过程的谱和调制函数，并使用快速傅里叶变换对时间进行模拟。Kameda 提出了以窄带频率为中心的调制平稳过程的概念。Grigoriu 提出了一个概率模型，用随机三角多项式来模拟非平稳高斯过程。

Priestley 提出演变过程理论后，利用演变谱和物理谱仿真地震动的研究得到快速发展。演变谱和物理谱都是时变谱，即谱密度同时是时间和频率的函数，以便反映地震动的时频非平稳性质。Shinozuka 和 Jan 提出利用三角级数法和演变谱模拟地震波，其表达式为

$$x_g(t) = \sum_{k=1}^{N} \sqrt{2f(t, \omega_k)\Delta\omega} \cos(\omega_k t + \phi_k) \tag{3-44}$$

式中：$f(t, \omega_k)$ 为演变谱；$\Delta\omega$（即 $\omega_k - \omega_{k-1}$）为演变谱的频率间隔；ϕ_k 是 $0\sim2\pi$ 范围内的同一随机变量。

考虑的频率范围越大，N 越大；$\Delta\omega$ 越小，N 也越大。一旦确定了演变谱（即时变谱），式（3-44）的计算是非常简单的，并且可以产生一组不同的随机相位角 ϕ_k 的值，就可获得不同的人工地震波。然而，问题的关键是怎样获得能够准确反映实际地震动时频特性的时变谱。

Yeh 和 Wen 在 Grigoriu 等人的频率和强度调制模型的启发下提出了的地震地面运动模型，即

$$\xi(t) = I(t)Y(\phi(t)) \tag{3-45}$$

式中：$\xi(t)$ 是地震地面激励；$I(t)$ 是一个确定性的强度包络函数；$Y(\phi(t))$ 是时间段 ϕ 上的平稳过滤白噪声，用于描述随机过程的谱密度形式；$\phi(t)$ 是光滑的严格增函数，用于描述频率调制过程。

通过改变平稳过滤白噪声的时间段，平稳过程的谱密度就成为时变谱密度：

$$S_{\xi\xi}(t, \omega) = \frac{1}{\varphi'(t)} S_{YY}\left[\frac{\omega}{\varphi'(t)}\right] \tag{3-46}$$

这里的频率调制函数改变了平稳过程的时域，概念类似于 Hilbert 谱分析中的瞬时频率。这个方法不需要演变谱的"慢定"假定，给出了平稳过程的谱密度经过调制后的时变功率谱密度表达式。但是它使用穿零率方法来进行频率调制函数的参数估计，并且频率调制过程独立于强度调制，这就使这个模型存在某些限制，只适用于一些特定类型的随机过程。

2. 基于小波变换的模型

1990 年 Meye 出版了《小波与算子》，标志着小波理论这一新兴学科的诞生。小波变换是目前工程和理论界普遍研究和应用的数学工具，并广泛应用于雷达、水声、通信、自动控制、机械振动及生物工程等领域中。

Iyama 和 Kuwamura 提出小波变换的能量准则，指出小波系数表明了信号的局部时频单元能量对总能量的贡献。他们根据能量输入积累和小波系数的关系对地震波进行分析，得出了不同频带的地震波的能量输入时程与震中距和小波系数之间的关系，并以统计的时频能量积累曲线为目标，对得到的小波系数

作逆变换以模拟地震波。但是他们给出的能量特性比较简单，也不具有普遍性。Spanos 等对能量准则进行了扩展，并且对慢变过程的演变谱做了估计。Mukherjee 等利用频域紧支的 L-P 小波与傅里叶谱和反应谱之间的关系，将小波系数表示为每级频带内关于中心频率和带宽的调制函数，再根据小波系数表示的地震波能量与相等的原则修正小波系数，然后通过逆变换得到与目标一致的模拟地震波。曹晖利用小波系数与演变功率谱的关系，采用正交的 L-P 小波由实际地震波的时变功率谱计算小波系数，并作逆变换得到了地震波。

第 4 章　天线多场耦合

随着天线技术的快速发展，天线电磁与机械结构因素的相互影响、相互制约关系越来越密不可分。例如，在自重、风、温度、雪等载荷作用下，天线结构变形将影响天线的增益、方向图等电性能指标，随着工作频段的升高，这种影响关系更为突出；又如，高密度、小型化的电子设备如弹载相控阵雷达，其结构位移场、电磁场、温度场之间的场耦合问题严重影响导弹的制导精度；再者，机载、舰载等运动环境中的雷达天线的座架及其伺服系统直接影响天线的指向精度与快速响应能力。此外，各种通信设备、电子元器件等也存在电磁与机械结构因素的紧密关系。由此可见，解决天线系统的机电热多场耦合问题极为重要。本章介绍多场耦合问题概述以及耦合的分类、建模及求解方法，旨在帮助读者快速认识耦合问题，为天线多场耦合的研究提供借鉴。

4.1　多场耦合问题概述

多场耦合问题(Coupled Multifield Problems，CMFP)在自然界和工程项目中广泛存在，其表现形式和种类繁多。由于多场耦合内在的复杂性，以前的研究人员在遇到多场耦合问题时一般都对问题做了较大的简化，如只考虑一个主要的物理场效应而忽略多场耦合影响，或仅考虑某种容易分析的耦合效应而忽略其他的耦合影响。随着科学技术的飞速发展，多场耦合问题对工程的影响愈加显著了，其分析与仿真已经成为研究热点。随着人们对问题的不断认识和经验的积累，以及计算机技术、建模方法和数值求解策略的快速发展，近些年来越来越多的研究人员开始关注多场耦合问题，并在相关领域开展了深入研究。主要的多场耦合问题见表 4.1。

表 4.1　主要的多场耦合问题

多场耦合问题	名　称
Structural-Electromagnetic Coupling	结构(应力、位移)-电磁耦合
Thermal-Structural Coupling	热-结构(应力、位移)耦合
Electromagnetic-Thermal Coupling	电磁-热耦合
Structural-Electromagnetic-Thermal Coupling	结构(位移)-电磁-热耦合
Electrostatic-Structural Coupling	静电-结构耦合
Electrostatic-Structural-Fluidic Coupling	静电-结构-流体耦合
Electrostatic-Thermal Coupling	静电-热耦合
Electro-Thermal Coupling	电-热耦合
Electro-Thermal-Structural-Magnetic Coupling	电-热-结构-磁耦合
Magnetic-Structural Coupling	磁-结构耦合
Magnetic-Thermal Coupling	磁-热耦合
Electromagnetic-Solid-Fluid Coupling	电磁-固体-流体耦合
Fluid-Structure Coupling	流体-结构耦合(流固耦合)
Fluid-Thermal Coupling	流体-热耦合
Fluid-Electromagnetic Coupling	流体-电磁耦合
Control-Structure Coupling	控制-结构耦合
Circuit-Electromagnetic Coupling	电路-电磁耦合
Piezoelectric Coupling	压电耦合
Piezoresistive Coupling	压阻耦合
Pressure-Structural Coupling	压力-结构耦合
Vibroacoustics Coupling	振动噪声耦合
Acoustics-Structural Coupling	声-结构耦合
Unidirectional Structural-Optical Coupling	结构-光学单向耦合

　　从多场耦合问题涉及的物理学科以及历史发展可以看出，多场耦合问题主要引起了以下三类研究群体的注意。

　　第一类：力学领域的研究者。早在 1975 年，Felippa 就开始使用交错迭代的方法研究流固耦合问题，经过四十多年的研究，这种交错迭代方法已经发展为比较成熟的分区解法，并在流固耦合问题、控制–结构耦合问题以及汽轮机的多场耦合仿真中发挥了重要作用。分区解法采用迭代方式在场分析程序之间交换信息，其计算稳定性一般不太好，因此很多研究者对之进行了探讨。

第二类：与实际工程紧密结合的应用领域的研究者。这类研究者一般是在解决实际工程问题时遇到了多场耦合问题，从而提出相应的解决方法。Michopoulos在对水下复合材料潜艇的响应及机翼的气动弹性行为的研究中提出了一种基于数据驱动的建模和仿真方法，该方法由于基于真实数据，保证了概念模型以及计算模型的准确性。Raulli对一个静电-流体-结构耦合问题的优化方法进行了研究，给出了优化问题的数学模型并详细阐述了求解过程及耦合优化中的灵敏度分析方法。Lawrence总结了多学科仿真的三种方法——数据集成、过程集成和物理模型集成，并对这三种集成方法的优缺点进行了分析，认为这三种方法基本上涵盖了现阶段的所有多场耦合仿真策略。

第三类：计算机科学领域的研究者。这类研究者一般关注如何充分使用先进的软件工程思想来编制强有力的软件以支持多场耦合的仿真。Chow对多场分析引擎的两种代码形式——单一代码形式和多代码形式进行了研究，并指出了这两种代码形式的优缺点。Boivin对有限体积法的计算流程进行了分析，把该数值方法中的物理属性的计算部分和数值计算部分分开，详细研究了该方法中的物理量之间的依赖关系并给出了域耦合和边界耦合的计算框图。Giurgea提出了一个开放源代码的平台SALOME，该平台基于CORBA的组件技术和远程激活技术，其设计目的是提供一个多场仿真的平台。Stewart提出了一个并行自适应多场应用框架SIERRA。Michael提出了一种以数据为中心的集成框架以集成现有的场分析代码。Sahu对自己开发的一个面向对象的计算力学软件框架COMET进行了详细的探讨，并说明了如何充分使用先进的计算机技术来进行多场耦合仿真。计算机软件技术中也有耦合问题，它们的耦合性是指程序结构中各个模块之间相互关联的度量，通常取决于各个模块之间的接口的复杂程度、调用模块的方式以及哪些信息通过接口。一般模块之间可能的连接方式有七种，耦合性由低到高分别是非直接耦合、数据耦合、标记耦合、控制耦合、外部耦合、公共耦合、内容耦合。

综上可知，人们对多场耦合问题的研究要么是对某种特定耦合问题提出其特定解法，要么是从计算机的实施角度提出如何用先进的软件工程思想来实施其解法。通过总结多场耦合问题相关研究可以发现，关于天线结构中机械结构位移场、电磁场和温度场之间耦合现象的研究已成为当今天线领域的研究热点之一。

4.2　耦合分类与耦合关系分析

在物理学上，场是物质之间的相互作用，具体表现为电磁场、引力场，强相互作用、弱相互作用。从数学角度来看，场是一种取决于空间坐标的标量或矢量函数。在工程应用中可以发现，场表现为某些物理量或化学量的特定空间和时间的分布形式。常见的场有结构位移场、电磁场、热场（温度场）、流场、声场、浓度场、静电场和稳恒磁场等，通常用两种方法来区分这些物理场之间的耦合问题，一是物理特征，二是数值特征。

通常把耦合问题称为强耦合问题或者弱耦合问题。从物理特征角度来说，强耦合描述了物理上强耦合的影响以及在数值上不能分开处理的问题，弱耦合描述了可分离影响的问题。这种定义存在明显的不足，即不能定性地知道耦合问题在何种物理程度上为强耦合或弱耦合。强/弱耦合的定义应基于数值特征，这样才有可能得到场问题的强/弱耦合。这也意味着在求解过程中耦合策略是可以变化的。从数值特征角度来说，强耦合是用矩阵描述方程的，能够同时建立包含所有耦合参数的模型，进而求解所有涉及的耦合参数；弱耦合可采用顺序建模方法进行求解，即采用顺序步骤求解所研究的场问题，通过更新场的相关参数，在再次求解其他场量之前传递给其他场定义使用，从而实现耦合。

1. 耦合分类

为研究耦合问题的数学本质以及建模求解方法，下面对各种耦合关系进行分类。各种分类方法都是依据一定的数学特点或工程分析要求进行的。

1）直接耦合与间接耦合

如果 A 场与 B 场之间的相互作用不需要通过其他的物理场进行，那么两场之间的耦合属于直接耦合，否则属于间接耦合。例如，电阻应变片中的耦合是间接耦合：电流变化导致焦耳热的变化，从而导致应变片的变形，因此电场与结构位移场之间是通过热场发生相互作用的。

2）域耦合与边界耦合

根据耦合的空间属性，即耦合所发生的区域，耦合可分为域耦合和边界耦合。域耦合是指在整个或部分分析域内多场共存，各场之间没有边界，如热应力耦合、压电元件的力电耦合、对流加速度传感器的热流耦合等。边界耦合是指在分析域内各场之间存在明显的边界，不同场之间通过边界作用来实现耦合，如流固耦合、电容敏感式传感器及静电致动器等中的力电耦合。对于域耦合问题，必须考虑各场的物理特征及其相互作用，建立新的耦合变分原理，利用数值计算方法求解。对于边界耦合问题，各场可分别求解，通过边界条件耦合，迭代计算。

3）单向耦合与双向耦合

如果两场之间的相互作用明显，中间关系不能忽略，则为双向耦合；如果仅有其中一个物理场对另一个物理场的作用显著，则为单向耦合。热变形/热应力中，如果热场产生了热变形/热应力，作用非常明显，但是变形导致的温度分布变化并不显著，这类问题可以简化为单向耦合问题。

4）同质耦合与异质耦合

如果只需直接把源场的耦合变量输出到目的场，而不需要经过公式转换，则为同质耦合，否则为异质耦合。流固耦合属于同质耦合，因为从固体场向流场传递速度，从流场向固体场传递压力，都不需要经过公式转换。但如果固体场只能提供位移，则需要经过中间转换，这时就属于异质耦合了。

5）微分耦合与代数耦合

如果两场之间的耦合协调方程是微分方程，则为微分耦合；如果耦合方程是代数形式，则为代数耦合。例如，热应力中温度的变化导致应力的产生，可以用一个代数方程来描述，因此是代数耦合。

6）源耦合、流耦合、属性耦合、几何耦合

根据耦合所发生的扰动机理，如果目的场的输入变量是源场变量，则为源耦合；如果输入变量是目的场变量，则为流耦合；如果输入变量是物性变量，则为属性耦合；如果目的场的定义域（边界形状）因源场而发生了扰动，则为几何耦合。总的来说，场之间发生相互作用，如改变定义域即为几何耦合，改变边界条件即为流耦合，改变场方程中的系数或本构方程的形式即为属性耦合，改变场方程中的激励项即为源耦合。

2. 耦合关系分析

根据上述耦合分类原则，下面对微波天线中常见的多种耦合关系的特性进行详细分析，具体见表4.2。

表 4.2　耦合关系分析

耦合类型	典型对象	耦合变量	直接/间接	边界/域	单向/双向	同质/异质	微分/代数	源/流属性/几何
位移场-热场-电磁场(机电热耦合)	有源相控阵天线	位移、热变形、相位	间接	边界	单向	异质	代数	几何
位移场-热场/温度场(机热耦合)	阵列天线、压电材料片	热变形/热应力	直接	域	单向	异质	代数	属性
位移场-电磁场(机电耦合)	裂缝天线腔体	位移、相位	直接	边界	单向	异质	代数	几何
位移场-流场(流固耦合)	散热腔体	速度、压力	直接	边界	双向	同质	代数	流、源
位移场-电场(边界)	静电薄膜天线	位移、电场力	直接	边界	双向	同质	代数	几何、源
位移场-电场(域)	电阻应变片	应变	间接	域	单向	异质	代数	属性
流场-温度场	热对流	速度、温度	直接	边界	双向	异质	微分	流、属性
温度场-静电场	热电阻传感器	温度、热量	直接	域	双向	异质	代数	流、属性

　　实际的耦合问题要比表 4.2 列出的多，且更为复杂。例如，在天线结构变形中，由于外载荷的作用，天线结构表面发生变形产生位移场，从而辐射或传输的电磁波的边界条件发生变化，电磁场也随之变化，而又由于太阳照射或器件自身发热引起结构温度升高、温度分布不均，天线结构随之产生热应力，影响了位移场，因此天线结构耦合问题属于复杂的机电热三场耦合问题。再如燃烧问题，由于发生化学反应，存在浓度场，显而易见，同时存在温度场，又因为空气的流动而存在流场，因此这也是三场耦合问题。对于电磁继电器的开合过程，则存在电场、热场、流场、磁场和位移场等五个场之间的耦合问题。当对某个物理现象进行准确的耦合关系分类时，应该结合具体工作要求以及耦合影响程度大小进行确定，例如有源相控阵天线的 MEMS 移相器中，电场对温度场是通过产生焦耳热而发生源耦合的，而温度场是通过传递温度而发生属性耦合的，同时温度场由于存在温度而导致电场的电阻发生变化，这是属性耦合，位移场由于发生变形而导致电场和温度场的定义域发生了变化，这是几何耦合。同时从表 4.2 中也可以发现，如要对某种耦合现象进行分类，必须结合具体对象的实际耦合过程，同一名称的耦合不是一成不变的，例如位移场与电场耦合。

为形象地描述出各物理场之间繁杂的耦合关系与耦合变量，图 4.1 给出了几种常见的耦合关系示意图。其中，圆形框代表一个物理场，其中的名词是该物理场的名称；场之间的箭头表明了耦合关系，箭头方向表示作用的主动方与被动方，其上的文字给出了从源场输出的耦合变量。例如，位移场到电磁场的箭头上的文字是"位移"，表示耦合变量是位移，结构通过输出位移的方式对电磁场产生作用（改变边界条件）。

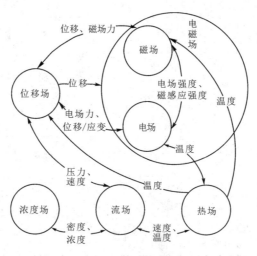

图 4.1　几种常见的耦合关系示意图

4.3　耦合建模方法

1. 常用耦合建模方法

对一个物理现象进行描述，要给出其数学模型，也就是要推导出这种物理现象的数学方程。一般而言，物理场的数学模型主要由状态控制方程（组）和边界条件或初始条件等组成，其中状态控制方程（组）多数是偏微分方程（组），也有少数是线性方程（组）。因此，可从确定场耦合问题的（非线性）耦合关系特点入手来建立数学模型。

常用耦合建模方法如下：

1) 混合分析法和系统辨识法

混合分析法（Mixed Analysis Method）是以分析多个物理场之间的相互影

响关系为基础，运用力学、数学等手段，并结合试验分析的方法，来研究场耦合的分布参数数学模型。该方法的特点是：对于简单的影响关系问题，采用已知的本构关系；对于复杂的影响关系问题，无法用简单的数学表达式描述时，可用试验结果得出的经验和半经验关系式来描述。这也从侧面说明了在研究微波天线机电多场耦合理论的过程中，应认识到某些问题可能无法用明确的数学表达式来描述，但利用影响机理的分析、归纳、总结，也许能得到问题的经验公式或图表。

系统辨识法（System Identification Method）是通过测量系统在人为输入作用下的输出响应或正常运行时的输入/输出数据记录（含动态环境数据记录），加以必要的数据处理和理论分析，估计出系统的大概数学模型的一种方法。用这种方法建立的模型为集总参数模型（Lumped Parameter Model）。

2）顺序耦合法和直接耦合法

顺序耦合法（Cascade Coupled Algorithm）是指按照顺序进行两次或更多次的相关场分析，每一种分析属于某一物理分析。该方法是通过将前一个场分析的结果作为载荷施加到下一个场分析中的方式来实现耦合的。典型的例子就是热—结构顺序耦合分析，它是将热分析中得到的节点温度作为"体载荷"施加到随后的结构分析中来实现耦合的。进行顺序耦合建模时，可使用间接法和物理环境法。对于间接法，使用不同的数据库和结果文件，每个数据库包含合适的实体模型、单元、载荷等。可以把一个结果文件读入另一数据库中，但单元和节点数量编号在数据库和结果文件中必须是相同的。对于物理环境方法，整个模型使用一个数据库，且数据库中必须包含所有的物理分析所需的节点和单元。对于每个单元或实体模型，必须定义一套属性编号，包括单元类型号、材料编号、实常数编号及单元坐标编号。所有这些编号在所有物理分析中是不变的。但在每个物理环境中，每个编号对应的实际属性是不同的。通常采用间接法进行顺序耦合分析的数据流程如图 4.2 所示。

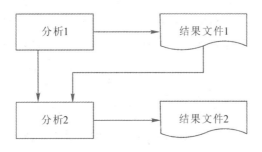

图 4.2　顺序耦合分析的数据流程

对于不存在高度非线性相互作用的情形，采用顺序耦合法更为有效和方便。例如，对于顺序热—结构耦合分析，可以先进行非线性瞬态热分析，再进行线性静态应力分析，最后用热分析中任意载荷步或时间点的节点温度作为载荷进行应力分析。这里耦合是一个循环过程，其中迭代在两个物理场之间进行，直到结果收敛到所需要的精度为止。

直接耦合法(Full Coupled Algorithm)只包含一个分析过程，利用包含所有自由度的耦合场的有限单元类型，仅通过一次求解就能得出场耦合的分析结果。在这种情形下，耦合是通过计算包含所需物理量的单元矩阵或载荷向量矩阵的方式来实现的。直接耦合法在解决具有高度非线性的多场耦合相互作用时具有明显优势，并且可利用耦合公式一次性得到最好的计算结果。其中典型的直接耦合建模例子是压电材料的分析过程。

3) 全局耦合法和局部耦合法

对局部耦合问题建模时，需将局部耦合问题从全局耦合问题中解耦出来，并对耦合参数进行分解。这里首先需要进行耦合事实提取，也就是发现问题，即通过工程实践和试验得到耦合问题的基本特征，包括耦合的层次、耦合的类型、耦合作用的载体及耦合参数等信息。耦合事实的准确提取是分析的基本前提。然后基于非线性理论、数学物理方法、人工智能等交叉学科理论，融合相关学科知识，运用理论与试验建模方法，建立耦合问题的数学模型。局部耦合的数学模型可分为两种类型：解析模型与统计模型。解析模型往往是多参数耦合的非线性微分方程组，因此需寻求解析模型的降维计算方法与统计模型的数值计算方法，对局部耦合模型进行求解。

基于耦合参数的基本规律，可以对系统进行全局耦合结构体系分析，进而对系统进行全局耦合建模。全局耦合模型的描述不能仅用定常线性方法，还需运用非线性动力学、分布参数系统非光滑分析法、神经网络理论、灰色系统理论、非线性递推辨识算法等多种现代数理理论来寻求适合全局耦合的系统动态综合方法。全局耦合分析的根本目的在于探索耦合对运动的约束机制，分析耦合参数与系统主体运动及功能的相关机理，研究系统功能生成的组织规律，预测奇异工况和预控故障。

2. 天线场耦合建模

在天线场耦合研究领域，实际场耦合物理模型的复杂性很高，如果对所有局部细节都进行详细、准确的建模与数值计算，则分析精度可能会很高，但成本与计算量却相当大，同时也不利于工程设计人员学习、接受和应用，所以，应该在不显著降低分析精度的前提下，对物理模型依据一定原则进行简化，从而得到一个既合乎分析精度要求又满足仿真能力限制的简化的场耦合数学模型。

天线场耦合的研究应充分利用现有场耦合问题的建模策略与处理方法。例如：

（1）流固耦合问题：通常采用三种途径来研究。一是选择欧拉坐标系，在结构中将位移作为未知量，在流体中将压力或速度势作为未知量，由于两种介质采用不同的变量，因此不便应用通用程序；二是选择拉格朗日坐标系，在结构和流体中均将位移作为未知量，沿流固交界面上的每个节点的相容和平衡条件可自行满足，且可得到对称的总刚度矩阵，便于利用商用有限元分析软件；三是选择任意拉格朗日-欧拉坐标系（ALE 坐标系），该坐标系可以任意速度在空间运动，若其速度为零，则为欧拉坐标系，若其速度等于质点速度，则为拉格朗日坐标系，可处理两相界面的协调及自由面问题。

（2）压电材料耦合问题：压电材料极化后为横观各向同性材料，其力学方程包括物理方程、几何方程和平衡方程。其中的物理方程是由压电材料的物理特性（即施加力时产生极化电荷，施加电场时产生变形）得到的应力分量与应变分量及电场强度的关系式；几何方程是由平面问题的应变分量与位移分量之间的关系以及电位移分量与电位之间的关系得到的方程；平衡方程是根据静力平衡条件得到应力分量和体力分量之间的关系式，并根据电平衡条件得到电位移分量和体电荷之间的关系式。压电作动器能将电能转化为机械能，其电学量与机械变量之间的关系可用上述三种方程联立描述，再根据有限元理论，就可建立结构的动力学耦合方程。利用模态综合技术可对动力学方程进行解耦、简化。

4.4　耦合求解方法

对于数学物理中的问题，要获得它的定量解，必须先建立数学模型，然后设法求解。对于场耦合问题，通常是先建立满足一定初始条件和边界条件的微分或偏微分方程，然后通过解析法和数值法来求出精确解或数值解。为了获得复杂的实际耦合问题的解析解，必须作出简化和假设。尤其对非均质、非线性材料、几何形状的任意性和不连续性以及由地质学特性所引起的一些其他因素等复杂问题来说，采用解析法是难以得出真实解的。一般采用数值法求解场耦合问题，其求解思路有两种：一是直接将不同物理场的控制方程联立求解；二是分别求解不同物理场的控制方程，各物理场之间通过耦合和参数来交换耦合信息。

场耦合问题的数值求解方法一般有三种：集成求解法（Monolithic or Simultaneous Treatment）、域消除法（Field Elimination）和分区法（Partitioned Treatment）。集成求解法是指在一个时间步长内同时求解所有的方程。分区法是指在某一段时间内依次求解各个场，并在场之间传递耦合载荷。域消除法使用积分变换或模态缩减法来消除一个或几个域，余下的域则用集成求解法。从理论上来说，集成求解法适用于高度非线性耦合的场合，如压电分析、带热传导的流体流动等；分区法适用于不存在高度非线性耦合的场合，如热应力问题等。由于分区法可以使用已有的单独物理场求解方法，能充分利用现有的研究成果，因此其在场耦合问题的求解中得到了广泛应用。

根据场耦合问题的状态方程的特点，场耦合求解算法可分为以下两类。

（1）通用算法：使用松弛迭代法，通过单一物理场的求解器实现。其主要步骤是一次求解每个单一物理场，然后把求得的结果和其他已知的数据一起代入下一个物理场求解器，直到收敛至许可精度内为止。该算法使用方便，能最大限度地使用现有商品化软件，但是在计算强耦合问题时，经常会出现迭代不收敛的问题。因此这种算法主要用于求解弱耦合问题，属于顺序耦合求解算法的一种。

（2）专用算法：使用牛顿迭代法，其主要步骤是一次性求解所有物理场的直接耦合状态方程组，然后修正所获得的结果，再进行循环迭代，直到收敛至许可精度内为止。

湍流、多相流、燃烧等耦合问题主要采用上述两种求解方法。

需要明确的是，完全解决天线中的各种场耦合问题需要进行长期持续的深入研究。因此，场耦合问题的求解方法也是需要专门进行研究的。场耦合求解算法的稳定性、高精度、高速度是研究场耦合求解方法必须考虑的，同时若能实现算法的通用性，则能拓宽场耦合理论的应用范围。有专家指出，对于场耦合问题，尤其是天线系统中的机电多场耦合问题，数值迭代法可能是一种可行的求解算法，而使用现有单场求解方法来构造适合场耦合问题的新算法是应该采取的途径。下面简述耦合问题中经常使用的一些基础求解方法。

1. 有限元法（Finite Element Method，FEM）

FEM 是以能量原理为基础，把问题转化为数学问题（即求泛函的极值问题），再经离散化得到所求解，并假设单元与单元之间连续变化。FEM 可用于线性、非线性固体、壳、板及 6 自由度梁的应力、变形场分析，也可用于时域、模态的模拟，适合处理几何形状和边界条件复杂的固体力学问题。

有限元法的求解步骤如下：

（1）建立积分方程。根据变分原理或方程余量与权函数正交化原理，建立与微分方程初边值问题等价的积分表达式。

（2）区域单元剖分。根据求解区域的形状及实际问题的物理特点，将区域剖分为若干相互连接、不重叠的单元。

（3）确定单元基函数。根据单元中的节点数目及对近似解精度的要求，选择满足一定插值条件的插值函数作为单元基函数。

（4）单元分析。将各个单元中的求解函数用单元基函数的线性组合表达式进行逼近；再将近似函数代入积分方程，并对单元区域进行积分，可获得含有待定系数（即单元中各节点的参数值）的代数方程组。

（5）总体合成。在得出单元有限元方程之后，将区域中所有单元有限元方程按一定法则进行累加，形成总体有限元方程。

（6）边界条件处理。一般边界条件有三种形式，分别为本质边界条件（狄里克雷边界条件）、自然边界条件（黎曼边界条件）、混合边界条件（柯西边界条件）。

（7）解有限元方程。根据边界条件修正的总体有限元方程组是含所有待定未知量的封闭方程组，采用适当的数值计算方法求解，可求得各节点的函数值。

2. 有限差分法（Finite Difference Method，FDM）

FDM 的基本思想是用离散的、只含有限个未知数的差分方程去代替连续变量的微分方程和定解条件，用所求出的差分方程的解作为偏微分方程的近似解。FDM 是从物理现象引出相应的微分方程，再经过离散化得到差分方程，即是以系数的差分公式解微分方程的，未知系数的连续变化是它的前提。有限差分法将数学离散方法与偏微分方程的物理演化过程及特征很好地结合了起来，在各种规则场中被广泛使用。大部分的商用数值模拟软件多采用有限差分法。

从数学的角度来讲，FDM 的近似程度比 FEM 高一些，而在应用上，FEM 远比 FDM 简单、灵活。FEM 不仅能适应各种复杂的几何形状和各种类型的边界条件，而且能处理各种复杂的材料性质问题，另外，还能解决非均质连续介质的问题，其应用范围极为广泛。

3. 有限体积法（Finite Volume Method，FVM）

有限体积法又称为控制体积法，其基本思想是：将计算区域划分为一系列不重复的控制体积，并使每个网格点周围有一个控制体积；将待解的微分方程对每一个控制体积积分，便得出一组离散方程（其中的未知数是网格点上的因变量的数值）。用有限体积法得出的离散方程，对于任意一组控制体积都满足因变量积分守恒，对整个计算区域，自然也能够满足。这是有限体积法的优点。因该方法能保持体积内的守恒特性，故在流体动力学中有着广泛的应用。

就离散方法而言，有限体积法可视作有限元法和有限差分法的中间物。有限元法必须假定值在网格点之间的变化规律（即插值函数），并将其作为近似解。有限差分法只考虑网格点上的数值而不考虑值在网格点之间如何变化。有限体积法只寻求节点值，这与有限差分法相类似；但用有限体积法寻求控制体积的积分时，必须假定值在网格点之间的分布，这又与有限元法相类似。在有限体积法中，插值函数只用于计算控制体积的积分。

4. 无网格法（Meshless/Meshfree Method）

无网格法基于点的近似，可以彻底或部分地消除网格，不需要网格的初始划分和重构，不仅可以保证计算的精度，而且可大大减小计算的难度。Batina 自 20 世纪 90 年代初就开始研究无网格法，并提出了用云点离散计算区域来代替通常的网格划分。迦辽金方法和配点方法是无网格法采用的两种基本的离散方法。无网格法不需要借助于网格即可在一系列离散点上建立近似函数，适合处理特大变形、奇异性或裂纹动态扩展等问题。类似方法还有无矩阵运算（Matrix-Free Matrices），此方法是通过向量运算来实现矩阵的各种操作和运算的。

5. 边界元法（Boundary Element Method，BEM）

使用 BEM 求解时，当边界上的未知量求出后，域中内点参量可由点积分方程直接积分得到。当内点逐渐靠近边界而又不在边界上（相对于邻近单元的尺寸而言）时，内点参量的计算误差逐渐增大，直至失真（即边界层效应）。该方法计算量较小，适合处理无限域问题。1984 年，*Journal of Engineering Analysis with Boundary Elements* 创刊，其主要内容正是边界元法和网格缩减法（Mesh Reduction Method，MRM）。

6. 数值流形法（Numerical Manifold Method，NMM）

数值流形法是石根华在非连续变形分析（Discontinuous Deformation Analysis，DDA）方法和数学流形的基础上发展的一种具有普遍意义的数值方法。它能够解决连续和非连续变形问题，克服了有限元和离散元的不足。石根华提出的数值流形法采用两套相互独立的网格，即反映数值解精度的数学网格和表示几何边界与材料分区的物理网格，将整个研究区域划分成有限个相互重叠（物理重叠）的集合，在各个覆盖上独立定义局部覆盖函数，通过权函数加权平均将各个覆盖的位移连接成为整个求解域上的总体位移函数，从而将连续和非连续变形统一到一起。再根据总势能最小化原理建立平衡方程式，将系数子矩阵以叠加方式加入平衡方程中，最后通过解算平衡方程求得覆盖位移变量等未知参数的值。

7. 多格子法（Multigrid Method）

多格子法是在20世纪70年代发展起来的一种求解偏微分方程数值解的快速迭代方法，在计算流体力学中有很好的应用。其基本思想是：将问题剖分为粗、细网格，在细网格上求解原始方程，并通过松弛作用减少误差函数的高频分量；在粗网格上求解误差方程，减少误差函数的低频分量；充分利用粗、细网格对误差的磨光特性达到快速收敛的效果。多格子法主要采用 Full Newton-Raphson 方法，每进行一次平衡迭代，就修正一次刚度矩阵。

8. 区域分解法（Domain Decomposition Method，DDM）

DDM 是偏微分方程数值求解的有效方法之一。基于子区域有无重叠，区域分解法可分为重叠型区域分解法和非重叠型区域分解法。DDM 从问题的"模型级"发掘并行性，将计算区域分割成若干独立的规模较小的子区域，将原问题的求解转化为各子区域上子问题的求解。一个或若干个子问题用一个处理机来处理，当所有的子问题均衡地映射到多个处理机上时，通过并行求解子问题而获得整个区域上大问题的解。与其他方法不同的是，DDM 将大问题划分为若干小问题，同时针对不同子区域选择与之相适应的最有效的成熟算法，便于实现并行计算，因此可缩小计算规模，提高运算效率。

9. 分割算法（Partitioned Solution）和交错算法（Staggered Solution）

分割算法和交错算法其实是同一种方法的两种名称，其基本思想是：用一定的预测值替代某一场变量的真实值，时间积分（Time Integration）在仅考虑一个场变量的子系统中进行，而相互作用项作为外力来考虑，从而实现不同物理场的解耦。分割算法主要分为串行算法和并行算法两类。分割算法将不同物理场的求解分开进行，可以分别采用最适合的计算方法，大大降低了计算难度，提高了计算效率。另外，目前比较成熟、完善的单一物理场的计算软件很多，采用分割算法时可以充分利用这些计算软件，从而大大提高工作效率。

10. 粒子有限元法（Particle Finite Element Method，PFEM）

PFEM 主要用来以统一方式求解流固耦合中流体自由表面大位移问题。每个粒子的运动方程都采用拉格朗日公式进行表述，相应有限元网格节点可作为运动的粒子并自由移动，而整个定义域离散网格的运动方程可在瞬态分析过程中得到。其中把定义域内离散的节点连接起来的网格可用标准的 FEM 方式进行求解，网格主要用于获得节点处的状态变量。PFEM 常应用在流固耦合中，例如海港结构、海洋工程及常见的水滴分析等。

4.5 耦合分析软件

1. 场耦合分析软件

如前所述，由于物体几何形状的复杂性和边界条件的不确定性，实际耦合问题的求解基本上只能采用数值法，如有限元法、边界元法、有限差分法、有限体积法和无网格法等，这些方法各有千秋，在某些领域都有着不可替代的优越性。而数值法的应用必须依赖数值分析软件，常用的场耦合分析软件有 ANSYS、COMSOL、FEPG、ABAQUS、ALGOR、ThermNet-MagNet、PHYSICA 和 FLUX 等，下面分别进行介绍。

1）ANSYS

ANSYS 软件使用有限元法求解场耦合问题。该软件最初主要用于解决固体力学和结构力学问题，之后增加了对流场、声场、热场、电磁场等的仿真功能。ANSYS Multiphysics 是 ANSYS 中的一个模块，其具有多场耦合分析功能，并提供了一系列的多场耦合求解策略。例如，分析结构-声耦合问题时，将结构系统的运动方程和声场辐射的积分方程通过耦合系数矩阵联系在一起，直接进行分析。

2) COMSOL

COMSOL Multiphysics(简称 COMSOL)是一个基于有限元法的专业场耦合分析工具。该软件开始是作为一个在交互环境中进行基于等式的多物理场建模而出现的仿真工具,其以建模简单为首要目的,无缝集成了数学仿真软件 MATLAB,具有使用方便、耦合分析思路清晰等优点,可求解声场、扩散、电磁场、流体力学、结构力学以及偏微分方程组的耦合问题。利用 COMSOL 的多物理场功能,通过选择不同的模块可同时模拟任意物理场组合的耦合分析。

3) FEPG

FEPG(Finite Element Program Generator,有限元程序自动生成系统)是有限元分析和计算机辅助工程分析软件。该软件善于求解各种通用有限元软件难以求解的多学科、多物理场的非线性耦合问题,并根据有限元法统一的数学原理及其内在规律,以类似于数学公式推理的方式,用微分方程表达式和算法表达式自动生成有限元问题的全部 FORTRAN 源程序。FEPG 可以快速准确地建立耦合问题的计算方法和计算程序,包括各物理场的耦合、场方程参量的耦合。耦合问题求解的计算方法是关键,FEPG 可以根据方程的特点构造相应的计算方法,如处理对流占优问题的算法,处理不连续体接触的算法等。FEPG 在流固耦合、热固耦合、电固耦合等方面已有成功应用。

4) ABAQUS

ABAQUS 是一套功能强大的工程模拟的有限元软件,其既能解决相对简单的线性问题,也能处理复杂的非线性问题。作为通用模拟工具,ABAQUS除了能解决大量结构(应力/位移)问题,还可以模拟其他工程领域的许多问题,例如热传导、质量扩散、热电耦合分析、声学分析、岩土力学分析(流体渗透/应力耦合分析)及压电介质分析。ABAQUS 有两个主求解器模块:Standard 模块和 Explicit 模块。Standard 模块为分析专家提供了强有力的工具,可解决许多工程问题,它不但支持线性静态、动态分析,而且支持复杂的非线性耦合物理场分析。Explicit 模块是求解复杂非线性动力学问题和准静态问题的理想程序,特别是用于模拟冲击和其他高度不连续事件。Explicit 模块不但支持应力/位移分析,而且支持完全耦合的瞬态温度-位移分析、声固耦合分析。将Standard模块与 Explicit 模块结合,利用两者的隐式和显式求解技术,可以求解更多的实际问题。

5) ALGOR

ALGOR 是大型通用工程仿真软件，被广泛应用于各个行业的设计、有限元分析、机械运动仿真中，包括静力、动力、流体、热传导、电磁场、管道工艺流程等的设计。ALGOR 分析功能强大，使用操作简便，对硬件的要求较低，在航空航天、汽车、电子以及微电子机械系统等诸多领域中均有广泛应用。ALGOR 具有多物理场多学科耦合分析功能，如流-固耦合分析和热-结构耦合分析等。ALGOR 软件是从 SAP 软件基础上开发出来的，其很好地继承了 SAP 的元件化思想，对于同一个模型，不需要重新修改几何模型和网格划分，便可以很方便地在不同类型的分析模型之间进行转换。

6) ThermNet-MagNet

ThermNet 可用于精确地求解热场仿真问题，MagNet 是被设计为热场分析工具的配对工具。ThermNet 和 MagNet 结合可以进行精确的电磁-热耦合仿真计算。ThermNet 允许用户描述一个 2D 和 3D 问题，并进行瞬态和稳态分析，能解决弱耦合问题，即电磁场和热场的相互作用问题。在磁场中，涡流和磁滞损耗产生的热量导致了温升（由热场 Solver 程序可计算），而温度的变化也改变了物质的性能（由磁场 Solver 程序确定），因此耦合是双向的，即电磁损耗提供了热场分析的热源，而温度的上升也影响着物质的性能（电阻率和渗透性等）。

7) PHYSICA

PHYSICA 是一个基于有限体积法的多场求解软件，主要用来仿真制造工业中经常出现的各种多物理场现象中的复杂耦合问题，是少数能够在单个统一环境下充分求解场耦合问题的仿真软件之一。该软件提供了模型层、控制层、算法层和工具层四种层次的抽象。用户可以方便地与前三个层进行交互，从而自己编制算法。

8) FLUX

FLUX 是专业的电、磁、热场分析软件，可用于各类电机、电器、传感器、舰船的分析。其强大的后处理功能提供了可靠的技术支持服务。该软件的主要特点是具有多参数分析功能、数据导入接口、混合网格产生器，可与MATLAB软件联合仿真等。

2. 天线机电耦合分析软件及流程

微波天线机电耦合领域涉及的主要商用专业软件如表 4.3 所示。利用这些商用专业软件可进行机电耦合分析，其分析流程如图 4.3 所示。

表 4.3　微波天线机电耦合领域涉及的主要商用专业软件

天线分系统	软件名称	主要用途
天线结构	Pro/E	结构三维设计仿真
	ANSYS	结构有限元仿真
	Patran/Nastran	结构有限元仿真
	ABAQUS	结构有限元仿真
	SYSPLY	复合材料有限元仿真
	Fluent	流体、热仿真
	Flotherm	热仿真
天线电磁	Ansoft HFSS	天线单元及小型阵、RCS
	FEKO	天线单元、阵列、面天线、RCS、天线罩
	Ansoft Designer	微带贴片天线及小型阵
	CST	天线单元、阵列、面天线、RCS、天线罩、共形阵
	E-field	天线单元、阵列、面天线、RCS、天线罩、共形阵
	ADF	天线阵列布局系统
微波电路	Ansoft HFSS	组件内部微波传输性能
	ADS	组件系统性能
馈电系统	Ansoft HFSS	三维电磁场仿真
	Ansoft Designer	平面有源无源电路仿真
	Cadence	高速数字电路布线原理图、射频模拟电路布线原理图、信号完整性分析、电源完整性分析
	CST	三维电磁场仿真
	ADS	平面有源无源电路电磁场仿真
发射系统	Ansoft Designer	微波功率放大电路局部设计
	Microwave Office	微波功率放大电路局部设计
	Quartus	控保电路仿真

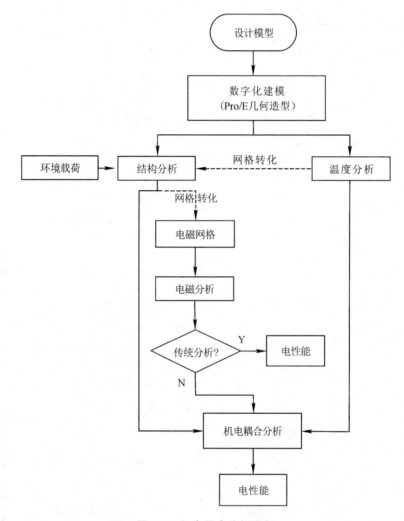

图 4.3 机电耦合分析流程

　　除上述软件外，还有许多其他分析软件也具有明显特色，且能够针对特殊耦合问题进行专业分析。表 4.4 中列出了几种分析软件的主要功能及所使用的求解方法。目前这些商用软件能求解单独的一种物理场问题（如含有变形、应力和动力学特性的力学问题，电磁问题或流场问题）以及一些常见的多物理场耦合问题（如流固耦合、MEMS 耦合等问题）。但是，对于天线这种机电性能联系较为紧密的设备的场耦合问题，还需要继续开展数值分析专用软件研究。

表 4.4　分析软件功能一览表

分析软件	主 要 功 能	求解方法
ANSYS	多物理场耦合分析、结构静力分析、结构动力分析、热分析、流体动力学分析、高频电磁场分析	FEM、FVM
COMSOL	多物理场耦合分析、结构分析、电磁场分析、流体分析、热分析	FEM、FVM
FEPG	耦合场分析、静力分析、热传导分析、电磁场分析、强度分析、接触计算	FEM、FVM
ALGOR	流固耦合分析、热-结构耦合分析	FEM、FVM
ABAQUS	热固耦合分析、声固耦合分析	FEM
ThermNet-MagNet	热-磁耦合分析、热场仿真	FEM
PHYSICA	机械工程分析、流固耦合分析	FVM
FLUX	磁场、电场、温度场、电磁-结构-热耦合分析	FEM
LS-DYNA	非线性动力冲击分析、传热分析、流体及流固耦合分析	FEM
FLUENT	流体流动和传热分析、耦合热传导和对流分析	FEM
FEKO	高频电磁场仿真、大尺度天线和散射问题分析	MOM、PO、UTD
Ansoft HFSS	高频电磁场仿真、大尺度天线和散射问题分析	FEM
CST Microwave	高频电磁场仿真	FIT
MSC Nastran	动力学分析、热传导分析、流固耦合分析	FEM、FVM
COSMOS	静力分析、热传导分析、电磁分析、磁-结构耦合分析、电-热耦合分析	FEM
SONNET	平面高频电磁场分析	MOM

第 5 章 反射面天线基础

反射面天线简称面天线，因具有高增益、低噪声辐射、高可靠性、增强的数据传输功能以及结构简单、易于实现等特点，在雷达通信、遥距探测、射电天文等领域得到了广泛应用，可以说它是种类繁多的天线当中最常用的一种。在 Jodrell Bank 天线完成后的 10 年内，反射面天线相关技术发展十分迅速，在澳大利亚帕克斯和加利福尼亚金石先后建成了 64 m 口径大型反射面天线。目前国际上已经建成和正在建设的大型天线相当多，例如德国波恩 100 m 天线，美国西弗吉尼亚格林河畔 100 m×110 m 天线，日本野边山 45 m 毫米波天线，墨西哥 50 m 毫米波天线，意大利 64 m 天线，以及中国上海天马 65 m 天线、北京密云 50 m 天线、天津武清 70 m 天线、新疆在建 110 m 天线、云南在建 120 m 天线等。早期建成的部分超大型天线虽然不能完全满足近年来在超短波研究中所提出的表面精度要求，但部分天线已经服役了 30 多年，现在仍在为人们提供有益的服务。本章主要对反射面天线的几何特性、电性能计算以及反射面变形后反射面的拟合方法做简要介绍。

5.1 面天线的几何特性

反射面天线的主反射面多为抛物面形状，故反射面天线又称抛物面天线。为分析抛物面天线的几何特性，需先说明旋转抛物面的几何特性。如图 5.1 所示，曲线 MOK 代表一条抛物线，它是过 OF 轴的任意平面与抛物面的交线，F 为焦点，$M'O'K'$ 是抛物线的准线，O 是抛物面顶点。抛物线的一个几何特性是：通过抛物线上任意一点 M 作与焦点 F 的连线 FM，作平行于 OO' 的直线 MM''，则抛物线在 M 点的法线与 MF 的夹角等于法线与 MM'' 的夹角，即从焦

点 F 发出的任意方向的电磁波经反射面反射后都将平行于 OF 轴。因此，若将馈源相位中心与焦点重合，则从馈源发出的球面电磁波经抛物面反射后会变为平面波，形成平行波束。抛物线的另一个几何特性是：抛物线上任意一点到焦点的距离与它到准线的距离相等。假设抛物面口径上任一直线 $M''O''K''$ 与 $M'O'K'$ 平行，则有

$$FM + MM'' = f + z_{10} \tag{5-1}$$

显然，从焦点发射的任意方向的电磁波经抛物面反射后到达抛物面口径上的路程为一常数，因此，口径面又称为等相位面。等相位面为垂直于 OF 轴的平面，理想抛物面的口径场为同相场，反射波为平行于 OF 轴的平面波。

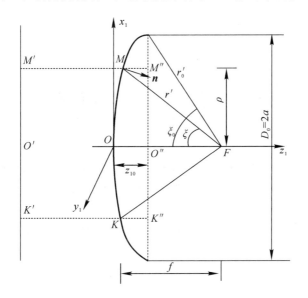

图 5.1　抛物面的几何关系

在直角坐标系 (x_1, y_1, z_1) 中，抛物面方程为

$$x_1^2 + y_1^2 = 4fz_1 \tag{5-2}$$

在极坐标系 (r', ξ) 中，抛物面方程为

$$r' = \frac{2f}{1 + \cos\xi} = f\sec^2\frac{\xi}{2} \tag{5-3}$$

在图 5.1 中，r' 为从焦点 F 到抛物面上任意一点 M 的距离；ξ 为 r' 与抛物面轴线 OF 的夹角；$D_0 = 2a$ 为抛物面口径直径；ξ_0 为抛物面口径半张角。

D_0 与 ξ_0 的关系为

$$\frac{D_0/2}{r_0'} = \sin\xi_0 \tag{5-4}$$

其中，$r_0' = f \sec^2(\xi_0/2)$ 是从焦点到抛物面边缘的距离。于是

$$\frac{D_0}{4f} = \tan\frac{\xi_0}{2} \tag{5-5}$$

由上述公式可推得

$$\cos\xi = \frac{p^2 - \rho^2}{p^2 + \rho^2} \tag{5-6}$$

$$\sin\xi = \frac{2p\rho}{p^2 + \rho^2} \tag{5-7}$$

$$r' = \frac{p^2 + \rho^2}{2p\rho} \tag{5-8}$$

式中，$p = 2f$，ρ 为 $x_1 O y_1$ 平面内的极坐标半径。

5.2 面天线的坐标转换

为建立面天线机电耦合模型，需要把全局坐标系下的天线有限元模型转换为局部坐标系下的天线模型，这就要对已知方位、俯仰的天线模型进行坐标转换。另外，工程师总是要求各种位姿下的天线有限元模型(有时天线会在某一特定方向上长时间工作)，而不关心天线如何由初始位置转动到要求位置，这也需要建立天线转角与天线方位、俯仰的关系。

天线整体结构分别绕 x、y 与 z 轴转动的角度为 θ、ϕ 和 φ 时的几何示意图如图 5.2 所示，转角的正负号由右手定则判定。用 Az 和 El 分别表示天线的方位角与俯仰角，如图 5.3 所示，其取值范围分别是 Az$\in$[0°，360°] 和 El$\in$[0°，90°]。方位角以相对于 x 轴逆时针为正，俯仰角为天线焦轴与 xOy 平面的夹角。

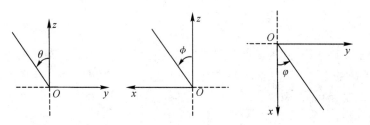

图 5.2 三个转角的几何示意图

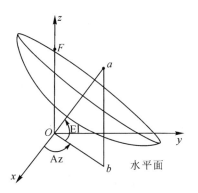

图 5.3　处于 Az、El 的天线位姿

在设计天线时，通常假设天线处于指平或仰天位置，所以下面分别对天线初始位置为指平位置和仰天位置两种情况进行分析。

5.2.1　初始指平的天线

假定天线初始位置为指平位置，其几何形状示意图如图 5.4 所示。

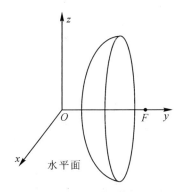

图 5.4　处于指平位置的抛物面天线

当空间点 $M(x,y,z)$ 绕固定的坐标轴 x、y、z 依次旋转 θ、ϕ 和 φ 后，如图 5.5 所示，新的空间点 $M^*(x^*,y^*,z^*)$ 在原坐标系中的坐标为

$$
\begin{bmatrix} x^* \\ y^* \\ z^* \\ 1 \end{bmatrix} = \boldsymbol{R}_z(\varphi)\boldsymbol{R}_y(\phi)\boldsymbol{R}_x(\theta) \begin{bmatrix} x \\ y \\ z \\ 1 \end{bmatrix} \tag{5-9}
$$

或

$$
\begin{bmatrix} x^* & y^* & z^* & 1 \end{bmatrix} = \begin{bmatrix} x & y & z & 1 \end{bmatrix} \boldsymbol{R}_x(\theta)\boldsymbol{R}_y(\phi)\boldsymbol{R}_z(\varphi) \tag{5-10}
$$

其中，坐标转换矩阵分别为

$$\mathbf{R}_x(\theta) = \begin{bmatrix} 1 & 0 & 0 & 0 \\ 0 & \cos\theta & \sin\theta & 0 \\ 0 & -\sin\theta & \cos\theta & 0 \\ 0 & 0 & 0 & 1 \end{bmatrix}$$

$$\mathbf{R}_y(\phi) = \begin{bmatrix} \cos\phi & 0 & -\sin\phi & 0 \\ 0 & 1 & 0 & 0 \\ \sin\phi & 0 & \cos\phi & 0 \\ 0 & 0 & 0 & 1 \end{bmatrix}$$

$$\mathbf{R}_z(\varphi) = \begin{bmatrix} \cos\varphi & \sin\varphi & 0 & 0 \\ -\sin\varphi & \cos\varphi & 0 & 0 \\ 0 & 0 & 1 & 0 \\ 0 & 0 & 0 & 1 \end{bmatrix}$$

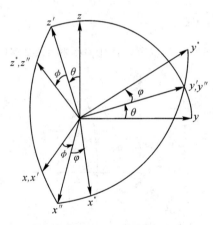

图 5.5 绕坐标轴转动示意图

当空间点 $M(x, y, z)$ 沿各坐标轴 x、y、z 的平移分量分别为 x_T、y_T、z_T 时，新的空间点 $M^*(x^*, y^*, z^*)$ 在原坐标系中的坐标为

$$\begin{bmatrix} x^* & y^* & z^* & 1 \end{bmatrix} = \begin{bmatrix} x & y & z & 1 \end{bmatrix} \mathbf{T} \qquad (5-11)$$

其中，$\mathbf{T} = \begin{bmatrix} 1 & 0 & 0 & 0 \\ 0 & 1 & 0 & 0 \\ 0 & 0 & 1 & 0 \\ x_T & y_T & z_T & 1 \end{bmatrix}$。

建立天线结构有限元模型时，因为 ANSYS 软件默认天线初始位置是仰天的，所以要预先把天线绕 x 轴转动 $-90°$，使天线处于指平位置，如图 5.6 所示。因此，处于指平位置的天线在全局坐标系 $O-xyz$ 中的坐标为

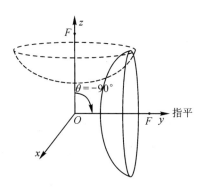

图 5.6 指平位置的初始天线

$$[x \quad y \quad z \quad 1] = [x_{仰天} \quad y_{仰天} \quad z_{仰天} \quad 1]\boldsymbol{R}_x(-90°) \quad\quad (5-12)$$

其中，$(x_{仰天}, y_{仰天}, z_{仰天})$为处于仰天位置的天线在 $O\text{-}xyz$ 中的坐标。

为使天线处于预定的方位角 Az，把天线绕 z 轴转动 φ（如图 5.7 所示），所以 $\varphi = \text{Az} - 90°$。

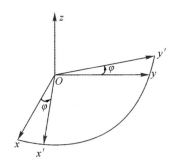

图 5.7 天线绕 z 轴转动 φ

再使天线绕 x' 轴转动 θ 到达预定位置，如图 5.8 所示，即确定天线的俯仰角 El，所以 $\theta = \text{El}$。

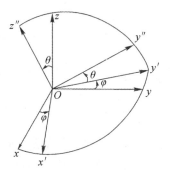

图 5.8 天线绕 x' 轴转动 θ

因此，工程师指定位置（Az，El）的天线在大地坐标系 $O\text{-}xyz$ 中的坐标为

$$[x^*\quad y^*\quad z^*\quad 1]=[x\quad y\quad z\quad 1]\boldsymbol{R}_z(\varphi)\boldsymbol{R}_x(\theta) \qquad (5-13)$$

其中，$\varphi=\text{Az}-90°$，$\theta=\text{El}$，$(x，y，z)$ 为指平位置时天线在坐标系 $O\text{-}xyz$ 中的坐标。

5.2.2　初始仰天的天线

假定天线初始位置为仰天位置，其几何形状示意图如图 5.9 所示。

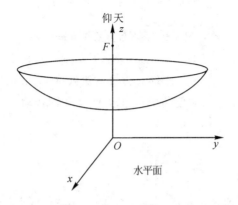

图 5.9　处于仰天位置的抛物面天线

由前面初始指平天线的模型坐标转换过程可知，为使天线处于预定的位置，首先把天线绕 x 轴转动$-90°$，使天线到达指平位置，如图 5.10 所示。

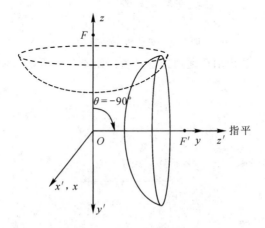

图 5.10　天线绕 x 轴转动$-90°$

然后使局部坐标系 $O\text{-}x'y'z'$ 中的天线绕 y' 轴转动 ϕ（如图 5.11 所示），达到天线预定的方位角 Az，故 $\phi=90°-\text{Az}$。

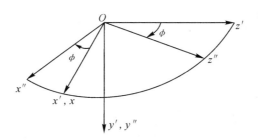

图 5.11　天线绕 y' 轴转动 ϕ

再使天线绕 x'' 轴转动 θ''（如图 5.12 所示），达到天线预定的俯仰角 El，故 $\theta''=\mathrm{El}$。

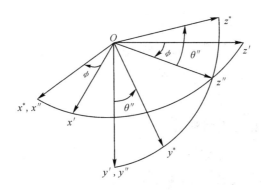

图 5.12　天线绕 x'' 轴转动 θ''

因此，处于（Az，El）位置的天线在 $O\text{-}x'y'z'$ 中的坐标为

$$[x'^* \quad y'^* \quad z'^* \quad 1]=[x' \quad y' \quad z' \quad 1]\boldsymbol{R}_y(\phi)\boldsymbol{R}_x(\theta') \qquad (5-14)$$

假设空间一点 P 在大地（全局）坐标系 $O\text{-}xyz$ 中的坐标为 (x, y, z)，在坐标系 $O\text{-}x'y'z'$ 中的坐标为 (x', y', z')，而坐标系 $O\text{-}x'y'z'$ 是坐标系 $O\text{-}xyz$ 绕 x 轴转动角度 α 后的坐标系，则有

$$[x' \quad y' \quad z' \quad 1]=[x \quad y \quad z \quad 1]\begin{bmatrix} 1 & 0 & 0 & 0 \\ 0 & \cos\alpha & -\sin\alpha & 0 \\ 0 & \sin\alpha & \cos\alpha & 0 \\ 0 & 0 & 0 & 1 \end{bmatrix}$$

$$=[x \quad y \quad z \quad 1]\boldsymbol{R}_x(\alpha) \qquad (5-15)$$

综上所述，可得

$$[x^* \quad y^* \quad z^* \quad 1]\boldsymbol{R}_x(-90°)=[x' \quad y' \quad z' \quad 1]\boldsymbol{R}_y(\phi)\boldsymbol{R}_x(\theta') \qquad (5-16)$$

因为天线随坐标系一起转动，所以天线在绕 x 轴转动 $-90°$ 处于指平位置的坐标系 $O\text{-}x'y'z'$ 中的坐标与仰天位置时在原全局坐标系中的坐标在数值上

是完全相等的，即$(x', y', z') = (x, y, z)$。因此，处于指定位置(Az, El)的天线在大地坐标系$O\text{-}xyz$中的坐标为

$$[x^* \quad y^* \quad z^* \quad 1] = [x \quad y \quad z \quad 1]\boldsymbol{R}_y(90° - Az)\boldsymbol{R}_x(El)\boldsymbol{R}_x(90°)$$

$$(5-17)$$

注意区分上述几种坐标的含义：① (x'^*, y'^*, z'^*)为工程师指定位置(Az, El)的天线在局部坐标系$O\text{-}x'y'z'$中的坐标；② (x', y', z')为指平位置的天线在坐标系$O\text{-}x'y'z'$中的坐标；③ (x^*, y^*, z^*)为用户指定位置(Az, El)的天线在坐标系$O\text{-}xyz$中的坐标；④ (x, y, z)为仰天位置的天线在坐标系$O\text{-}xyz$中的坐标。

5.3　偏置反射面天线

5.3.1　偏置反射面天线概述

在各种类型的反射面天线中，应用最为广泛的是传统的前馈式旋转对称反射面天线，它在面天线发展史上起了奠基作用。但是，这种天线存在固有的不足，已不能满足某些领域电子信息系统对天线高增益、低副瓣、低交叉极化的指标要求。首先，前馈式反射面天线的馈源或者副反射面系统及其支撑结构对电磁波的口径遮挡导致了散射辐射，从而使天线系统的增益和波束效率下降，副瓣电平和交叉极化电平升高。随着寄生辐射标准的严格化以及频率复用带来的极化隔离要求的提升，口径遮挡导致的问题日益显著。特别是在小型反射面天线系统中，如用于中、低轨道移动卫星通信系统中的多波束天线，口径遮挡的影响更加严重。其次，前馈式反射面天线的馈源位于反射电磁波范围内，导致馈源喇叭驻波特性恶化，并且收发单元安装在馈源后面，又带来了结构支撑问题。为了解决上述问题，偏置反射面天线应运而生。如图5.13所示，偏置反射面天线选取了对称反射面的一部分，从而避开了馈源及其支杆的遮挡，这样可以消除由于遮挡造成的副瓣电平上升，同时又改善了馈源的电压驻波比，可以获得较好的电性能。偏置结构可采用较大的焦径比，不仅可以有效降低阵列馈源相邻单元间的直接互耦，而且能更好地抑制交叉极化。与前馈式旋转对称反射面天线相比，偏置反射面天线具有很大的优越性，因此获得了广泛的应用。

(a) 偏置双反射面雷达天线　　　(b) 6 m偏置卡塞格伦天线

图 5.13　偏置反射面天线

　　偏置反射面天线在星载天线领域有着广泛的应用。"神舟四号"飞船留轨段多模态微波遥感系统中使用的微波辐射计天线就采用了多频段、双极化共馈源偏置反射面天线，其工作频段跨越近 6 个倍频程，是我国第一个工作到毫米波段的航天器天线。为适应军用卫星通信发展的需要，侧馈偏置卡塞格伦双反射面天线被应用于卫星通信系统，它不仅能够生成高质量的点波束，而且能在其服务区内进行快速灵活的波束扫描。图 5.14 所示为一款星载充气式偏置反射面天线。

图 5.14　星载充气式偏置反射面天线

　　除了卫星通信，偏置反射面天线在高功率微波领域也有重要应用。例如，高功率微波武器是一种区域性的定向能武器，只需把目标置于天线波瓣宽度内，它即可对目标系统中关键而又敏感易损的电子电路造成永久性功能毁伤，从而使目标系统完全失效。高功率微波武器要作为防空武器应用，频率应在 1～300 GHz 范围内，脉冲功率在吉瓦(GW)级，且要突破以下三项关键技术：高功率微波源技术、超宽带和超短脉冲技术、高增益天线技术。高功率微波武器的天线必须具有高增益，以提高杀伤能力；尽量抑制副瓣，避免对己方人员和设备造成不良影响；具备耐高功率能力，避免高功率微波能量烧毁天线。在工艺上要力求做到高精度加工，天线面板尽量不拼接，接缝导电良好处理等，以保证阻抗连续，不发生打火击穿效应。在众多天线系统中，适于高功率微波应用的天线当数偏置反射面天线。

5.3.2　偏置反射面天线的几何特性

　　偏置反射面天线是在旋转对称抛物面上截取一部分做成的，因此又称为偏置抛物面天线，它仍满足抛物面的几何特性。图 5.15 给出了常见偏置反射面天线的几何关系，其中 f 为抛物面的焦距，D 为偏置抛物面在等相位面的投影直径（又称偏置抛物面天线口径），H 为偏置抛物面的下边缘偏置高度，$P(x, y, z)$ 为抛物面上任意一点。抛物面方程为

$$x^2 + y^2 = 4fz \tag{5-18}$$

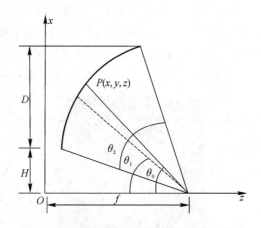

图 5.15　偏置反射面天线的几何关系示意图

　　图 5.15 中，θ_1 是抛物面上、下边缘夹角的角平分线与 z 轴的夹角，表示为

$$\theta_1 = \arctan\left[\frac{2f(D+2H)}{4f^2 - H(D+H)}\right] \tag{5-19}$$

半张角 θ_2 为

$$\theta_2 = \arctan\left[\frac{2fD}{4f^2 + H(D+H)}\right] \tag{5-20}$$

馈源轴指向反射面的中心，与 z 轴的夹角为 θ_0，即

$$\theta_0 = \arctan\left(\frac{H+D/2}{2f}\right) \tag{5-21}$$

用 f、θ_1 和 θ_2 表示 D 和 H，有

$$D = \frac{4f\sin\theta_2}{\cos\theta_1 + \cos\theta_2} \tag{5-22}$$

$$H = 2f\tan\left(\frac{\theta_1 - \theta_2}{2}\right) \tag{5-23}$$

5.3.3 偏置反射面天线的坐标系

偏置反射面天线不是旋转对称结构，其在结构和分析方法上比旋转对称抛物面天线更复杂和烦琐。偏置反射面天线坐标系如图 5.16 所示，其中 S 为反射面，f 为焦距，α 为馈源偏焦角度，xOy 面为等相位口径面 A 所在平面。分析过程中主要用到了 3 个坐标系：(w, u, v) 坐标系为馈源坐标系，相应的球坐标分量为 r'、θ'、ϕ'；(x_0, y_0, z_0) 坐标系为母抛物面坐标系，相应的球坐标分量为 r_0、θ_0、ϕ_0，相应的 $x_0 O y_0$ 平面内的极坐标分量为 ρ_0、ϕ_0；(x, y, z) 坐标系用于计算天线的远区辐射场，相应的球坐标分量为 r、θ、ϕ。

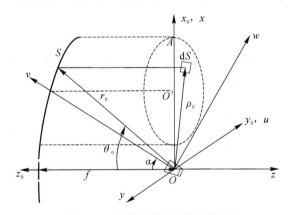

图 5.16 偏置反射面天线坐标系

根据 3 个坐标系间的几何关系，结合抛物面方程，可推导得到如下关系式：

$$\theta' = \arccos\left(\frac{4f^2 - \rho_0^2}{4f^2 + \rho_0^2}\cos\phi + \frac{4fx}{4f^2 + \rho_0^2}\sin\phi\right) \tag{5-24}$$

$$\phi' = \arctan\left[\frac{-4fy}{4fx\cos\phi - (4f^2 - \rho_0^2)\sin\phi}\right] \tag{5-25}$$

馈源坐标系与母抛物面坐标系之间的坐标变换关系为

$$[w \ u \ v \ 1] = [x_0 \ y_0 \ z_0 \ 1]\begin{bmatrix} \cos\alpha & 0 & -\sin\alpha & 0 \\ 0 & 1 & 0 & 0 \\ \sin\alpha & 0 & \cos\alpha & 0 \\ 0 & 0 & 0 & 1 \end{bmatrix} \tag{5-26}$$

展开后，得

$$\begin{cases} w = z_0 \sin\alpha + x_0 \cos\alpha \\ u = y_0 \\ v = z_0 \cos\alpha - x_0 \sin\alpha \end{cases} \quad (5-27)$$

再由馈源直角坐标系与对应球坐标系的关系可得

$$\begin{cases} r' = r_0 \\ \theta' = \arccos(\cos\theta_0 \cos\alpha - \sin\theta_0 \sin\alpha\cos\phi_0) \\ \phi' = \arccos \dfrac{\cos\theta_0 \sin\alpha + \sin\theta_0 \cos\alpha\cos\phi_0}{\sin^2\alpha + \sin^2\theta_0(\cos^2\alpha - \sin^2\alpha\cos^2\phi_0) + 0.5\sin2\alpha\sin2\theta_0} \end{cases} \quad (5-28)$$

5.4　双反射面天线

　　在单反射面天线的馈源和反射面之间引入另一个反射面可以形成双反射面天线。最常见的双反射面天线是轴对称的。图 5.17 所示为轴对称双反射面天线几何关系示意图，该天线的主反射面是抛物面，副反射面是双曲面或者椭球面，D 为主反射面直径，D_s 为副反射面直径。对于卡塞格伦天线而言，平行于对称轴的入射平面波经过两个反射面反射之后汇聚在焦点 F' 处，经过副反射面反射之后的球面波就像是从虚焦点 F 发射出来的一样，虚焦点 F 是馈源在副反射面中的镜像。对于格里高利天线而言，副反射面位于虚焦点之外，且具有椭圆形横截面。

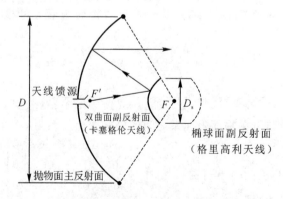

图 5.17　轴对称双反射面天线几何关系示意图

卡塞格伦天线和格里高利天线都起源于光学望远镜，并因其发明者而得名。格里高利天线的副反射面距离主反射面较远，需要更多的支撑结构。这两种类型的双反射面天线都具有馈源位于主反射面顶点附近的优点，简化了馈源硬件支撑结构，降低了馈电传输线的长度和传输线损耗所造成的噪声；低噪声接收机放在反射体后面，使接收机与馈源靠得很近，便于调整和维护；从馈源辐射出来所漏掉的电磁波指向天空，通常使主瓣变宽，但减小了天线的后向辐射功率。

在经典的双反射面天线中副反射面的母线形状通常用圆锥曲线来描述。图 5.18 给出了副反射面坐标系 $x_s z_s$ 中的副反射面几何形状，通过将曲线绕 z_s 轴旋转可以得到整个副反射面。副反射面母线形状由其直径 D_s 和偏心率 e 决定。偏心率 e 定义为

$$e=\frac{c}{a}\begin{cases}>1 & \text{双曲线（卡塞格伦天线）}\\ <1 & \text{椭圆线（格里高利天线）}\end{cases} \qquad (5-29)$$

例如，当 $e=\infty$ 时，副反射面形状为平面；当 $e=0$ 时，副反射面形状为圆弧面；当 $e>1$ 时，副反射面形状为双曲面。副反射面的母线曲线方程表述如下：

$$\frac{z_s^2}{a^2}-\frac{x_s^2}{b^2}=1 \quad (b^2=c^2-a^2，\text{双曲线}) \qquad (5-30)$$

$$\frac{z_s^2}{a^2}+\frac{x_s^2}{b^2}=1 \quad (b^2=a^2-c^2，\text{椭圆线}) \qquad (5-31)$$

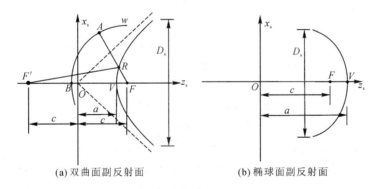

(a) 双曲面副反射面　　　　　　　(b) 椭球面副反射面

图 5.18　典型副反射面几何形状

母线为双曲线的副反射面的作用是将来自焦点 F' 的馈源的入射波转换为假设来自虚焦点 F 的入射球面波 w。为了实现这一功能，从 F' 到波前 w 的总距离必须恒定，这个条件决定了副反射面的形状。从图 5.18(a) 可以看出，F' 到 A 的总距离为

$$\overline{F'R}+\overline{RA}=\overline{F'V}+\overline{VB}=c+a+\overline{VB} \qquad (5-32)$$

又

$$\overline{RA}=\overline{FA}-\overline{FR}=\overline{FB}-\overline{FR} \qquad (5-33)$$

其中 $\overline{FB}=\overline{FA}$ 是因为 A 和 B 同在球面波上。根据式(5-32)可得到

$$\overline{F'R}-\overline{FR}=c+a-(\overline{FB}-\overline{VB})=c+a-(c-a)=2a \qquad (5-34)$$

显然，上式符合双曲线的定义：双曲线上一点到两个固定点 F' 和 F 的距离之差 $\overline{F'R}-\overline{FR}$ 等于一个常数 $2a$。

如图 5.19 所示，卡塞格伦反射面天线可以等效为一个单反射面的抛物面天线，等效的抛物面和卡塞格伦反射面具有相同的直径 $D_e=D$，但是等效抛物面的焦距 F_e 比主反射面的焦距 F 更长：

$$F_e=\frac{e+1}{e-1}F=MF \qquad (5-35)$$

其中，M 称为放大系数。

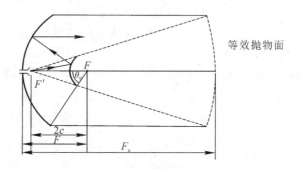

等效抛物面

图 5.19　卡塞格伦反射面天线的等效抛物面

根据式(5-29)，卡塞格伦反射面天线的副反射面是双曲面，故 $e>1$，所以 $M>1$，$F_e>F$。通过研究对比直径为 D 和焦距为 F_e 的等效抛物面天线，焦径比变大具有以下优点：首先，更大的焦径比可以改善远场方向图的交叉极化；其次，主反射面边缘处的漏射率较小；最后，大的焦径比可以改善主瓣的扫描性能，因为焦径比越大，随着馈源的横向移动，天线辐射方向图的恶化程度变小。这可以通过焦径比无穷大的极限情况来解释，此时主反射面是一个平面，在该情况下，沿着偏离平面法向入射的反射波是不会发生恶化的。

对于传统的单反射面天线和双反射面天线来说，通过调整馈源辐射电平和焦径比 F/D 可以在一定程度上控制口径场的幅度分布。如果双反射面天线的两个反射面的形状都可以修正，则能够使口径场幅度和相位同时可控，从而实现最大的口径利用率。设计双反射面天线的难点在于将相当宽的馈源初级方向图转换为口径面幅度和相位均匀分布的辐射波束，同时保持可以接受的辐射溢出。对于给定的馈源初级方向图，副反射面边缘将有能量漏失，且主反射面口径场幅度分布也不均匀。如果将副反射面形状加以修正，使其在顶点附近的形

状较普通双曲面更为突起(即曲率更大),此时副反射面中间区域更为弯曲,则可以将入射于副反射面中间区域的馈源射线能量反射扩散到主反射面边缘区域,而使主反射面口径场幅度分布趋于均匀。因此,采用修正副反射面形状的方法,可以使副反射面边缘照射更多的馈源辐射,减少副反射面边缘能量漏失。然而,修正副反射面的形状会改变馈源到天线主反射面口径面的总路径长度,因此需要通过修正主反射面形状来补偿因副反射面修正引起的相位误差。主反射面形状变化量与副反射面形状变化量应处于相同的数量级(因为两者都引入大概相同的相位误差),但是副反射面的形状几乎决定了天线口径场幅度分布。这种"顺序修正方法"并不能得到精确的解,但它避免了精确设计方法所带来的复杂数学问题。双反射面天线广泛应用于轴对称高增益天线系统中,例如卫星通信地面站天线,其主反射面直径通常为几米,在较小的天线系统中也有使用偏置双反射面结构的。另外,双反射面天线也可用来设计低副瓣天线系统。

5.5　面天线增益计算

面天线增益可表示为

$$G_0 = \frac{4\pi}{\lambda^2} A g = \frac{4\pi}{\lambda^2} A \eta_a \eta_1 \qquad (5-36)$$

式中:λ 为波长;A 为抛物面口径面积;g 为天线增益因子;η_a 为天线口径利用效率,与馈源型式、抛物面焦径比有关;η_1 为照射效率。

照射效率 η_1 等于馈源投射到抛物反射面的功率 P'_t 与馈源总辐射功率 P_t 之比:

$$\eta_1 = \frac{P'_t}{P_t} \qquad (5-37)$$

馈源总辐射功率 P_t 是馈源向全空间辐射的功率,即

$$P_t = \int \frac{E^2}{120\pi} ds = \int_0^{2\pi}\int_0^\pi \frac{P_t G_f(\xi, \phi')}{4\pi\rho^2} \rho^2 \sin\xi d\xi d\phi'$$

$$= \int_0^{2\pi}\int_0^\pi \frac{P_t G_f(\xi, \phi')}{4\pi} \sin\xi d\xi d\phi' \qquad (5-38)$$

其中,$G_f(\cdot)$ 为馈源辐射方向图函数,(ρ, ξ, ϕ') 为馈源球坐标。

$$P'_t = \int_0^{2\pi}\int_0^{\xi_0} \frac{P_t G_f(\xi, \phi')}{4\pi} \sin\xi d\xi d\phi' \qquad (5-39)$$

其中，ξ_0 为反射面最大张角。

所以抛物面天线的照射效率 η_1 为

$$\eta_1 = \frac{\int_0^{2\pi}\int_0^{\xi_0} G_f(\xi,\ \phi')\sin\xi d\xi d\phi'}{\int_0^{2\pi}\int_0^{\pi} G_f(\xi,\ \phi')\sin\xi d\xi d\phi'} = \frac{\int_0^{\xi_0} G_f(\xi)\sin\xi d\xi}{\int_0^{\pi} G_f(\xi)\sin\xi d\xi} \tag{5-40}$$

这里假设天线馈源方向图是圆对称的。

另外，此处可利用

$$\int_0^{2\pi}\int_0^{\pi} G_f(\xi,\ \phi')\sin\xi d\xi d\phi' = 4\pi \tag{5-41}$$

得到

$$\int_0^{\pi} G_f(\xi,\ \phi')\sin\xi d\xi = 2 \tag{5-42}$$

天线口径利用效率 η_a 为

$$\eta_a = \frac{\left|\int_s E_s ds\right|^2}{A\int_s |E_s|^2 ds} \tag{5-43}$$

式中：s 为抛物面天线的口面；E_s 是口径场场值，也就是馈源投射到抛物面上的入射电场场值 E_i。这样可得到

$$|E_s| = |E_i| = \left(\sqrt{\frac{\mu_0}{\varepsilon_0}}\frac{P_t}{4\pi}\right)^{\frac{1}{2}}\frac{\sqrt{G_f(\xi,\ \phi')}}{\rho} \tag{5-44}$$

因此，有

$$\eta_a = \frac{\left|\int_s \dfrac{\sqrt{G_f(\xi,\ \phi')}}{\rho}ds\right|^2}{A\int_s \dfrac{G_f(\xi,\ \phi')}{\rho^2}ds} \tag{5-45}$$

利用抛物面的几何特点，可得到如下表达式：

$$\rho = f\sec^2\frac{\xi}{2} \tag{5-46}$$

$$ds = \rho\sin\xi d\phi' d(\rho\sin\xi) = 2f^2\sin\frac{\xi}{2}\sec^3\frac{\xi}{2}d\xi d\phi' \tag{5-47}$$

$$A = 4\pi f^2\tan^2\frac{\xi_0}{2} \tag{5-48}$$

从而天线口径利用效率为

$$\eta_a = \frac{\tan^2 \frac{\xi_0}{2} \left| \int_0^{2\pi} \int_0^{\xi_0} \sqrt{G_f(\xi, \phi')} \tan \frac{\xi}{2} d\xi d\phi' \right|^2}{\pi \int_0^{2\pi} \int_0^{\xi_0} G_f(\xi, \phi') \sin\xi d\xi d\phi'}$$

$$= \frac{2 \cot^2 \frac{\xi_0}{2} \left| \int_0^{\xi_0} \sqrt{G_f(\xi)} \tan \frac{\xi}{2} d\xi \right|^2}{\int_0^{\xi_0} G_f(\xi) \sin\xi d\xi} \qquad (5-49)$$

天线增益因数 g 为

$$g = \eta_a \eta_1 = \cot^2 \frac{\xi_0}{2} \left| \int_0^{\xi_0} \sqrt{G_f(\xi)} \tan \frac{\xi}{2} d\xi \right|^2 \qquad (5-50)$$

因此，抛物面天线的轴向增益为

$$G_0 = \frac{4\pi}{\lambda^2} A g = \frac{4\pi}{\lambda^2} \frac{\pi}{4} D^2 g = \frac{\pi^2 D^2}{\lambda^2} \cot^2 \frac{\xi_0}{2} \left| \int_0^{\xi_0} \sqrt{G_f(\xi)} \tan \frac{\xi}{2} d\xi \right|^2$$

$$= \frac{4\pi}{\lambda^2} 4\pi f^2 \tan^2 \frac{\xi_0}{2} g = \frac{16\pi^2 f^2}{\lambda^2} \left| \int_0^{\xi_0} \sqrt{G_f(\xi)} \tan \frac{\xi}{2} d\xi \right|^2 \qquad (5-51)$$

式中：D 是天线口面直径；f 是天线焦距；λ 是天线工作波长；ξ_0 是天线口面张角。它们之间还存在如下关系：

$$\xi_0 = 2\arctan \frac{D}{4f} \qquad (5-52)$$

多数实用馈源的两主平面方向图差异不大，接近于圆对称。常用的天线馈源功率方向函数为

$$G_f(\xi, \phi') \approx G_f(\xi) = \begin{cases} 2(n+1)\cos^n\xi, & 0 \leqslant \xi \leqslant \frac{\pi}{2} \\ 0, & \frac{\pi}{2} < \xi \leqslant \pi \end{cases} \qquad (5-53)$$

在面天线电磁性能分析中，馈源功率方向函数指数 n 一般取为 4，此时天线增益因子 g 为

$$g = g_4 = 40 \left(\sin^4 \frac{\xi_0}{2} + \ln \cos \frac{\xi_0}{2} \right)^2 \cot^2 \frac{\xi_0}{2} \qquad (5-54)$$

5.6　面电流法辐射场计算

面电流法（Surface Current Method，SCM）就是利用馈源辐射的电磁波照射天线，在面天线内表面上产生感应电流，并根据物理光学（Physical Optics，

PO)近似的方法求出其密度，然后对反射面上的感应电流进行积分，求得天线远区任意位置的辐射电场。反射面上的感应电流由馈源辐射场在反射面上磁场的切向分量确定。

计算面电流时需要作出如下假设：① 反射面处于馈源场的远区；② 忽略反射面边缘绕射效应；③ 不考虑反射面背面电流分布影响；④ 反射面对馈源的影响忽略不计；⑤ 不考虑馈源的直接辐射以及馈源对反射场的绕射等。在计算天线辐射场的过程中，有时会利用抛物面的一些结构特点来简化公式推导。

建立如图 5.20 所示的天线物理坐标系，反射面的电流密度矢量为 $J_s^e = 2\hat{n} \times H_i$，其中 $\hat{n}$ 为反射面表面法向矢量 n 的单位矢量，H_i 为馈源入射到反射面的磁场。由于反射面位于馈源远区，因此馈源入射于反射面上的磁场为

$$H_i = \sqrt{\frac{\varepsilon_0}{\mu_0}} (\hat{\rho} \times E_i) \tag{5-55}$$

其中，$\hat{\rho}$ 为矢量 ρ 的单位矢量，E_i 为入射电场。

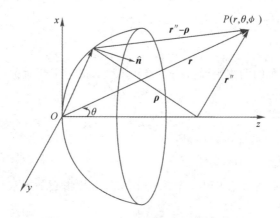

图 5.20 天线物理坐标系

取馈源相位中心作为相位参考点，则入射电场为

$$E_i = \left(\sqrt{\frac{\mu_0}{\varepsilon_0}} \frac{P_t}{4\pi} \right)^{\frac{1}{2}} \sqrt{G_f(\xi, \phi')} \frac{e^{-jk\rho}}{\rho} \hat{e}_i \tag{5-56}$$

式中：P_t 是馈源总辐射功率；$G_f(\xi, \phi')$ 为馈源功率方向函数；$\hat{e}_i$ 为馈源辐射电场的极化方向单位矢量；k 是相移常数（也称波常数），它表明了电磁波在单位距离内引起的相位角的变化量，其大小为 $k = \omega^2 \mu \varepsilon - j\omega\mu\sigma$，这里 $\omega = 2\pi f$（f 为电磁波的频率）。对于非导电媒质，有 $k = \omega^2 \mu \varepsilon = 2\pi/\lambda$，其中 λ 为电磁波的波长。

所以，抛物面上任意一点处的面电流密度为

$$J_s^e = \left(4\sqrt{\frac{\varepsilon_0}{\mu_0}}\frac{P_t}{4\pi}\right)^{\frac{1}{2}} \left[\hat{n} \times (\hat{\rho} \times \hat{e}_i)\right] \sqrt{G_f(\xi, \phi')}\frac{e^{-jk\rho}}{\rho}$$

$$= C\left[\hat{n} \times (\hat{\rho} \times \hat{e}_i)\right] \sqrt{G_f(\xi, \phi')}\frac{e^{-jk\rho}}{\rho} \tag{5-57}$$

式中，$C = \left(4\sqrt{\frac{\varepsilon_0}{\mu_0}}\frac{P_t}{4\pi}\right)^{\frac{1}{2}}$ 是与馈源功率相关的常数。

根据矢量公式 $A \times (B \times C) = (A \cdot C)B - (A \cdot B)C$，可得

$$\hat{n} \times (\hat{\rho} \times \hat{e}_i) = (\hat{n} \cdot \hat{e}_i)\hat{\rho} - (\hat{n} \cdot \hat{\rho})\hat{e}_i \tag{5-58}$$

由图 5.20 可知 $\hat{n} \cdot \hat{\rho} = -\cos\frac{\xi}{2}$，因此

$$\hat{n} \times (\hat{\rho} \times \hat{e}_i) = (\hat{n} \cdot \hat{e}_i)\hat{\rho} + \cos\frac{\xi}{2}\hat{e}_i \tag{5-59}$$

于是，面电流密度可写为

$$J_s^e = C\left[(\hat{n} \cdot \hat{e}_i)\hat{\rho} + \cos\frac{\xi}{2}\hat{e}_i\right] \sqrt{G_f(\xi, \phi')}\frac{e^{-jk\rho}}{\rho} \tag{5-60}$$

根据天线远场区电场公式

$$E_P = -\frac{j\omega\mu_0}{4\pi}\int_s \left[\hat{r}_0'' \times (J_s^e \times \hat{r}_0'')\right]\varphi ds - \frac{jk}{4\pi}\int_s (J_s^m \times \hat{r}_0'')\varphi ds \tag{5-61}$$

其中，$\hat{r}_0''$ 为观测方向的单位矢量，$\varphi = \dfrac{e^{-jk|R|}}{|R|}$，$R = r'' - \rho$，$k^2 = \omega^2\mu\varepsilon_0$，$J_s^m$ 是磁电流密度矢量，可得到抛物面面电流分布产生的次级辐射场

$$E_P = -\frac{j\omega\mu_0}{4\pi r''}e^{-jkr''}\int_s \left[\hat{r}_0'' \times (J_s^e \times \hat{r}_0'')\right]e^{jk\rho \cdot \hat{r}_0''}ds \tag{5-62}$$

因观测点 P 在天线辐射远场区，所以取 $r'' = r$，又

$$\hat{r}_0'' \times (J_s^e \times \hat{r}_0'') = J_s^e - (\hat{r}_0'' \cdot J_s^e)\hat{r}_0'' \tag{5-63}$$

所以可得到

$$E_P = \frac{j\omega\mu_0}{4\pi r}e^{-jkr''}\int_s \left[(\hat{r}_0'' \cdot J_s^e)\hat{r}_0'' - J_s^e\right]e^{jk\rho \cdot \hat{r}_0''}ds$$

$$= E_r\hat{r}_0 + E_\theta\hat{\theta}_0 + E_\phi\hat{\phi}_0 \tag{5-64}$$

从矢量分析和电磁场特性可知

$$E_r = 0 \tag{5-65}$$

$$E_\theta = -\frac{j\omega\mu_0}{4\pi r}e^{-jkr''}\int_s \hat{\theta}_0 \cdot J_s^e e^{jk\rho \cdot \hat{r}_0''}ds \tag{5-66}$$

$$E_\phi = -\frac{\mathrm{j}\omega\mu_0}{4\pi r}\mathrm{e}^{-\mathrm{j}kr''}\int_s \hat{\boldsymbol{\phi}}_0 \cdot \boldsymbol{J}_s^e \mathrm{e}^{\mathrm{j}k\boldsymbol{\rho}\cdot\hat{\boldsymbol{r}}_0''}\,\mathrm{d}s \qquad (5-67)$$

由抛物面的几何关系与图 5.21 所示的矢量关系图可知

$$\boldsymbol{\rho} = \rho\sin\xi\cos\phi'\hat{\boldsymbol{x}}_0 + \rho\sin\xi\sin\phi'\hat{\boldsymbol{y}}_0 - \rho\cos\xi\hat{\boldsymbol{z}}_0 \qquad (5-68)$$

$$\rho = \frac{2f}{1+\cos\xi} = f\sec^2\frac{\xi}{2} \qquad (5-69)$$

$$\hat{\boldsymbol{r}}_0 = \sin\theta\cos\phi\hat{\boldsymbol{x}}_0 + \sin\theta\sin\phi\hat{\boldsymbol{y}}_0 + \cos\theta\hat{\boldsymbol{z}}_0 \qquad (5-70)$$

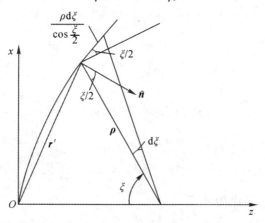

图 5.21　矢量关系图

进而得到

$$\hat{\boldsymbol{r}}'' = \boldsymbol{r} - f\hat{\boldsymbol{z}}_0 = r\sin\theta\cos\phi\hat{\boldsymbol{x}}_0 + r\sin\theta\sin\phi\hat{\boldsymbol{y}}_0 + (r\cos\theta - f)\hat{\boldsymbol{z}}_0 \qquad (5-71)$$

因为抛物面面元 $\mathrm{d}s$ 为

$$\mathrm{d}s = \frac{\rho\mathrm{d}\xi}{\cos\dfrac{\xi}{2}}\rho\sin\xi\mathrm{d}\phi' = 2\rho^2\sin\frac{\xi}{2}\mathrm{d}\xi\mathrm{d}\phi' \qquad (5-72)$$

而

$$\boldsymbol{r}' = f\hat{\boldsymbol{z}}_0 + \boldsymbol{\rho} = \rho\sin\xi\cos\varphi'\hat{\boldsymbol{x}}_0 + \rho\sin\xi\sin\phi'\hat{\boldsymbol{y}}_0 + (f - \rho\cos\xi)\hat{\boldsymbol{z}}_0 \qquad (5-73)$$

所以可得

$$\boldsymbol{\rho}\cdot\hat{\boldsymbol{r}}_0'' = \rho\sin\xi\cos\phi'\cdot\sin\theta\cos\phi + \rho\sin\xi\sin\phi'\cdot\sin\theta\sin\phi - \rho\cos\xi\cdot(\cos\theta - f)$$

$$= \rho\sin\xi\sin\theta\cos(\phi - \phi') - \rho\cos\xi\cdot(\cos\theta - f) \qquad (5-74)$$

由图 5.22 所示的坐标关系可知

$$\begin{bmatrix} \hat{\boldsymbol{x}}_0 \\ \hat{\boldsymbol{y}}_0 \\ \hat{\boldsymbol{z}}_0 \end{bmatrix} = \begin{bmatrix} \sin\theta\cos\phi & \cos\theta\cos\phi & -\sin\phi \\ \sin\theta\sin\phi & \cos\theta\sin\phi & \cos\phi \\ \cos\theta & -\sin\theta & 0 \end{bmatrix} \cdot \begin{bmatrix} \hat{\boldsymbol{r}}_0 \\ \hat{\boldsymbol{\theta}}_0 \\ \hat{\boldsymbol{\phi}}_0 \end{bmatrix} \qquad (5-75)$$

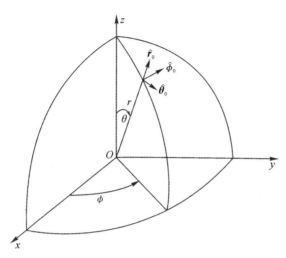

图 5.22　两坐标的关系图

所以可得

$$
\begin{bmatrix} \hat{\boldsymbol{r}}_0 \\ \hat{\boldsymbol{\theta}}_0 \\ \hat{\boldsymbol{\phi}}_0 \end{bmatrix} = \begin{bmatrix} \sin\theta\cos\phi & \sin\theta\sin\phi & \cos\theta \\ \cos\theta\cos\phi & \cos\theta\sin\phi & -\sin\theta \\ -\sin\phi & \cos\phi & 0 \end{bmatrix} \cdot \begin{bmatrix} \hat{\boldsymbol{x}}_0 \\ \hat{\boldsymbol{y}}_0 \\ \hat{\boldsymbol{z}}_0 \end{bmatrix} \qquad (5-76)
$$

从而有

$$
\begin{cases} \hat{\boldsymbol{\theta}}_0 = \cos\theta\cos\phi\,\hat{\boldsymbol{x}}_0 + \cos\theta\sin\phi\,\hat{\boldsymbol{y}}_0 - \sin\theta\,\hat{\boldsymbol{z}}_0 \\ \hat{\boldsymbol{\phi}}_0 = -\sin\phi\,\hat{\boldsymbol{x}}_0 + \cos\phi\,\hat{\boldsymbol{y}}_0 \end{cases} \qquad (5-77)
$$

反射面的法线方向为 $\begin{cases} n_x = -\sin\dfrac{\xi}{2}\cos\phi' \\ n_y = -\sin\dfrac{\xi}{2}\sin\phi' \\ n_z = \cos\dfrac{\xi}{2} \end{cases}$ ，电场极化方向单位矢量为

$$
\hat{\boldsymbol{e}}_i = -\hat{\boldsymbol{x}}_0 \sqrt{1-\sin^2\xi\cos^2\phi'} + \hat{\boldsymbol{y}}_0 \frac{\sin^2\xi\sin\phi'\cos\phi'}{\sqrt{1-\sin^2\xi\cos^2\phi'}} - \hat{\boldsymbol{z}}_0 \frac{\sin\xi\cos\xi\cos\phi'}{\sqrt{1-\sin^2\xi\cos^2\phi'}}
$$
$$
(5-78)
$$

这里近似认为 $\hat{\boldsymbol{e}}_i = \hat{\boldsymbol{x}}_0$ ，所以

$$
\hat{\boldsymbol{n}} \cdot \hat{\boldsymbol{e}}_i = -\sin\frac{\xi}{2}\cos\phi' \qquad (5-79)
$$

将其代入面电流 $\boldsymbol{J}_s^e$ 公式，可得

$$
\boldsymbol{J}_s^e = J_{xs}^e \hat{\boldsymbol{x}}_0 + J_{ys}^e \hat{\boldsymbol{y}}_0 + J_{zs}^e \hat{\boldsymbol{z}}_0 \qquad (5-80)
$$

式中：

$$J_{xs}^{e} = \left(-\sin\frac{\xi}{2}\sin\xi\cos^2\phi' + \cos\frac{\xi}{2} \right) E_{f}$$

$$J_{ys}^{e} = \left(-\sin\frac{\xi}{2}\sin\xi\cos\phi'\sin\phi' \right) E_{f}$$

$$J_{zs}^{e} = \left(\sin\frac{\xi}{2}\cos\xi\cos\phi' \right) E_{f}$$

其中，$E_{f} = C\sqrt{G_{f}(\xi, \phi')}\dfrac{e^{-jk\rho}}{\rho}$，$C = \left(4\sqrt{\dfrac{\varepsilon_0}{\mu_0}}\dfrac{P_t}{4\pi} \right)^{\frac{1}{2}}$。

假设电场主极化方向为 x 方向，则根据电磁理论可知

$$\boldsymbol{J}_{s}^{e} = J_{xs}^{e}\hat{\boldsymbol{x}}_0 \tag{5-81}$$

因为在抛物面天线的主瓣和近副瓣区域内 θ 很小，所以 $\cos\theta \approx 1$，从而可以得到电场的两个方向的分量：

$$E_{\theta} = -\frac{j\omega\mu_0}{4\pi r}e^{-jkr''}\int_s \hat{\boldsymbol{\theta}}_0 \cdot \boldsymbol{J}_s^e e^{jk\boldsymbol{\rho}\cdot\hat{r}_0''}ds$$

$$= -\frac{j60\pi}{\lambda r}e^{-jkr''}\cos\theta\cos\phi\int_s J_{xs}^e e^{jk\boldsymbol{\rho}\cdot\hat{r}_0''}ds$$

$$\approx -\frac{j60\pi}{\lambda r}e^{-jkr''}\cos\phi\int_s J_{xs}^e e^{jk\boldsymbol{\rho}\cdot\hat{r}_0''}ds \tag{5-82}$$

$$E_{\phi} = \frac{j60\pi}{\lambda r}e^{-jkr''}\sin\phi\int_s J_{xs}^e e^{jk\boldsymbol{\rho}\cdot\hat{r}_0''}ds \tag{5-83}$$

综上，可得空间任意一点 P 处的场强为

$$E = -\frac{j60\pi}{\lambda r}e^{-jkr''}\int_s J_{xs}^e e^{jk\boldsymbol{\rho}\cdot\hat{r}_0''}ds$$

$$= -\frac{j60\pi}{\lambda r}e^{-jkr''} \cdot C \cdot 2\int_0^{2\pi}\int_0^{\pi}\sqrt{G_f(\xi, \phi')} \cdot \frac{e^{-jk\rho}}{\rho} \cdot \left(\cos\frac{\xi}{2} - \sin\frac{\xi}{2}\sin\xi\cos^2\phi' \right) \cdot$$

$$e^{jk[\rho\sin\xi\sin\theta\cos(\phi-\phi') - \rho\cos\xi(\cos\theta - f)]} \cdot \rho^2\sin\frac{\xi}{2}d\xi d\phi' \tag{5-84}$$

因此，天线远区场强的方向函数为

$$f(\theta, \phi) = \int_0^{2\pi}\int_0^{\pi}\sqrt{G_f(\xi, \phi')} \cdot e^{jk\rho[1 - \sin\xi\sin\theta\cos(\phi-\phi') + \cos\xi(\cos\theta - f)]} \cdot$$

$$\rho\sin\frac{\xi}{2}\left(\cos\frac{\xi}{2} - \sin\frac{\xi}{2}\sin\xi\cos^2\phi' \right)d\xi d\phi' \tag{5-85}$$

归一化方向函数为

$$F(\theta, \phi) = \frac{E(\theta, \phi)}{E_{max}} = \frac{f(\theta, \phi)}{f_{max}} \tag{5-86}$$

下面以馈源是一个带圆盘反射器的电基本振子（电偶极子）为例，给出天线

两主面的方向图。假设振子轴线沿 x 轴方向，圆盘与振子间距约为 1/4 波长，抛物面的几何关系如图 5.23 所示。

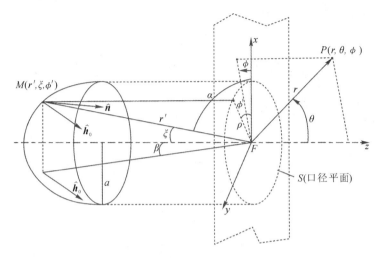

图 5.23 抛物面的几何关系

馈源前向区域的磁场强度为

$$\boldsymbol{H} = -\hat{\boldsymbol{h}}_0 \frac{Il}{\lambda r'} \sin\alpha \sin\left(\frac{\pi}{2}\cos\xi\right) e^{-jkr'} \tag{5-87}$$

式中：I 为振子电流；l 为振子长度；α 为电基本振子的轴线与射线间的夹角；$\hat{\boldsymbol{h}}_0$ 为垂直于振子射线方向且位于 x 为常数的平面内的单位矢量。

从图 5.23 可以得到

$$h_{0x}=0, \quad h_{0y}=\cos\beta, \quad h_{0z}=\sin\beta, \quad \sin\alpha \cdot \cos\beta=\cos\xi$$

于是可得磁场的三个分量

$$\begin{cases} H_x = 0 \\ H_y = -\dfrac{Il}{\lambda r'}\cos\xi\sin\left(\dfrac{\pi}{2}\cos\xi\right)e^{-jkr'} \\ H_z = -\dfrac{Il}{\lambda r'}\sqrt{\sin^2\alpha-\cos^2\xi}\sin\left(\dfrac{\pi}{2}\cos\xi\right)e^{-jkr'} \end{cases} \tag{5-88}$$

结合面电流公式可得

$$\begin{cases} J_{xs}^{e} = \dfrac{2Il}{\lambda r'}\left(\sin\dfrac{\xi}{2}\sin\phi'\sqrt{\sin^2\alpha-\cos^2\xi}+\cos\dfrac{\xi}{2}\cos\xi\right)\sin\left(\dfrac{\pi}{2}\cos\xi\right)e^{-jkr'} \\ J_{ys}^{e} = -\dfrac{2Il}{\lambda r'}\sin\dfrac{\xi}{2}\cos\phi'\sqrt{\sin^2\alpha-\cos^2\xi}\sin\left(\dfrac{\pi}{2}\cos\xi\right)e^{-jkr'} \\ J_{zs}^{e} = \dfrac{2Il}{\lambda r'}\sin\dfrac{\xi}{2}\cos\phi'\cos\xi\sin\left(\dfrac{\pi}{2}\cos\xi\right)e^{-jkr'} \end{cases} \tag{5-89}$$

把球面坐标(r', ξ, ϕ')用圆柱面坐标(ρ, ϕ', z)表示，这样反射面上任意一点将由它在口径上的投影来确定。

由抛物面天线结构特点可知

$$\cos\alpha = \sin\xi\cos\phi' = \frac{\rho\cos\phi'}{r'}$$

$$\cos\xi = \frac{p^2 - \rho^2}{p^2 + \rho^2}, \quad \sin\xi = \frac{2p\rho}{p^2 + \rho^2}, \quad r' = \frac{p^2 + \rho^2}{2p}$$

其中，$p = 2f$，f为天线焦距。

整理后可得

$$\sin\frac{\xi}{2} = \sqrt{\frac{1-\cos\xi}{2}} = \frac{\rho}{\sqrt{p^2 + \rho^2}}$$

$$\cos\frac{\xi}{2} = \sqrt{\frac{1+\cos\xi}{2}} = \frac{p}{\sqrt{p^2 + \rho^2}}$$

$$\sqrt{\sin^2\alpha - \cos^2\xi} = \frac{2p\rho\sin\phi'}{p^2 + \rho^2}$$

因此，面电流分量变为

$$\begin{cases}
J_{xs}^{e} = \frac{4Ilp^2}{\lambda (p^2 + \rho^2)^{\frac{5}{2}}} (p^2 - \rho^2\cos2\phi')\sin\left(\frac{\pi}{2}\frac{p^2 - \rho^2}{p^2 + \rho^2}\right) e^{-jk\frac{p^2 + \rho^2}{2p}} \\
J_{ys}^{e} = -\frac{4Ilp^2\rho^2\sin2\phi'}{\lambda (p^2 + \rho^2)^{\frac{5}{2}}}\sin\left(\frac{\pi}{2}\frac{p^2 - \rho^2}{p^2 + \rho^2}\right) e^{-jk\frac{p^2 + \rho^2}{2p}} \\
J_{zs}^{e} = \frac{4Ilp\rho(p^2 - \rho^2)}{\lambda (p^2 + \rho^2)^{\frac{5}{2}}}\cos\phi'\sin\left(\frac{\pi}{2}\frac{p^2 - \rho^2}{p^2 + \rho^2}\right) e^{-jk\frac{p^2 + \rho^2}{2p}}
\end{cases} \tag{5-90}$$

从而抛物面天线的辐射场为

$$E = -\frac{j60\pi}{\lambda^2 r}e^{-jk(r+p)}4Ilp\int_0^a\int_0^{2\pi}\frac{\rho(p^2 - \rho^2\cos2\phi')}{(p^2 + \rho^2)^2}\sin\left(\frac{\pi}{2}\frac{p^2 - \rho^2}{p^2 + \rho^2}\right)\cdot$$

$$e^{jk\rho\sin\theta\cos(\phi - \phi')}\,d\phi'\,d\rho \tag{5-91}$$

应用第一类 Bessel 函数

$$J_n(x) = \frac{(-j)^n}{2\pi}\int_0^{2\pi}e^{jx\cos\varphi}\cos n\varphi\,d\varphi \tag{5-92}$$

将式(5-91)中被积函数的第一个因子展开成两项(这里 $J_0(x)$ 和 $J_2(x)$ 分别表示零阶和二阶 Bessel 函数)：

$$E = \frac{120\pi^2 Il}{\lambda^2 fr}e^{-j\left[k(r+p)+\frac{\pi}{2}\right]}\left[\int_0^a\frac{p^4}{(p^2 + \rho^2)^2}\sin\left(\frac{\pi}{2}\frac{p^2 - \rho^2}{p^2 + \rho^2}\right)J_0(k\rho\sin\theta)\rho\,d\rho + \right.$$

$$\left. \int_0^a\cos2\phi\frac{p^2\rho^2}{(p^2 + \rho^2)^2}\sin\left(\frac{\pi}{2}\frac{p^2 - \rho^2}{p^2 + \rho^2}\right)J_2(k\rho\sin\theta)\rho\,d\rho\right] \tag{5-93}$$

在 $0 \leqslant \dfrac{\rho}{p} \leqslant 1$ 的范围内，可近似认为

$$\frac{p^4}{(p^2+\rho^2)^2}\sin\left(\frac{\pi}{2}\frac{p^2-\rho^2}{p^2+\rho^2}\right)\approx\frac{J_0\left(3.5\frac{\rho}{p}\right)+0.35}{1.35}$$

$$\frac{p^2\rho^2}{(p^2+\rho^2)^2}\sin\left(\frac{\pi}{2}\frac{p^2-\rho^2}{p^2+\rho^2}\right)\approx0.25J_2\left(5.25\frac{\rho}{p}\right)$$

因此，带圆盘的电基本振子的抛物面天线的总辐射场为

$$E=\frac{120\pi^2 Il}{\lambda^2 fr}\mathrm{e}^{-\mathrm{j}\left[k(r+p)+\frac{\pi}{2}\right]}\left[1.48\int_0^a J_0\left(3.5\frac{\rho}{p}\right)J_0(k\rho\sin\theta)\rho\mathrm{d}\rho+\right.$$

$$\left.0.52\int_0^a \rho J_0(k\rho\sin\theta)\mathrm{d}\rho+0.5\cos2\phi\int_0^a J_2\left(5.25\frac{\rho}{p}\right)J_2(k\rho\sin\theta)\rho\mathrm{d}\rho\right]$$

$$(5-94)$$

令 $\tilde{a}=3.5\dfrac{a}{p}$，$b=ka\sin\theta$，其中等式右边的 a 为抛物面天线口径面的半径，

所以总辐射电场与方向函数分别为

$$E=\frac{120\pi^2 Il\,\tilde{a}^2}{\lambda^2 fr}\mathrm{e}^{-\mathrm{j}\left[k(r+p)+\frac{\pi}{2}\right]}\left[1.48\frac{\tilde{a}J_1(\tilde{a})J_0(b)-bJ_0(\tilde{a})J_1(b)}{\tilde{a}^2-b^2}+\right.$$

$$\left.0.52\frac{J_1(b)}{b}+0.5\cos2\phi\frac{bJ_2(1.5\tilde{a})J_1(b)-1.5\tilde{a}J_1(1.5\tilde{a})J_2(b)}{(1.5\tilde{a})^2-b^2}\right]$$

$$(5-95)$$

$$f(\theta,\phi)=1.48\frac{\tilde{a}J_1(\tilde{a})J_0(b)-bJ_0(\tilde{a})J_1(b)}{\tilde{a}^2-b^2}+0.52\frac{J_1(b)}{b}+$$

$$0.5\cos2\phi\frac{bJ_2(1.5\tilde{a})J_1(b)-1.5\tilde{a}J_1(1.5\tilde{a})J_2(b)}{(1.5\tilde{a})^2-b^2}\qquad(5-96)$$

5.7　变形反射面拟合

　　大型反射面天线在自身重力和外界环境载荷作用下不可避免地会发生变形，反射面变形将严重影响天线的电性能，使其变差。开展大型天线变形反射面的精确分析，是建立天线结构机电两场耦合模型的重要基础，对天线虚拟样机设计与仿真预估分析也有着至关重要的作用。为了反映天线变形反射面的形

状，需要对变形反射面进行拟合，可采用的拟合方法有最佳拟合抛物面拟合方法、基于不同的基函数的拟合方法、变形反射面分块拟合方法等。为拓宽变形反射面拟合方法的范围，这里给出两种变形面天线拟合方法的具体公式。

5.7.1 NURBS 曲面分块拟合

样条函数方法是使用函数逼近曲面的一种方法。样条函数易于操作，计算量不大，适合于非常光滑的表面，一般要求有连续的一阶和二阶导数。最常用的样条函数有 B 样条、张力样条和薄板样条等。非均匀有理 B 样条(Non-Uniform Rational B-Spline，NURBS)在 CAD/CAM、计算机图形学领域以及电磁计算领域有着越来越广泛的应用，其具有如下优点：

(1) 既为标准解析形状(即初等曲线曲面)也为自由型曲面的精确表示与设计提供一个公共的数学形式，因此采用一个统一的数据库就能存储这两类形状信息。

(2) 通过操纵控制顶点及调节权因子来修改形状，为各种形状设计提供了充分的灵活性。权因子的引入成为几何连续样条曲线曲面中形状参数的替代物。

(3) 计算稳定且速度快。

(4) NURBS 有明显的几何解释，使得它对有良好的几何知识尤其是画法几何知识的设计人员特别有用；NURBS 有强有力的几何配套技术(包括插入节点、细分、消去、升阶、分裂等)，能用于设计、分析与处理等各个环节；NURBS 在比例、旋转、平移、剪切以及平行和透视投影变换下是不变的。

NURBS 曲面是一种特殊形式的分片有理参数多项式曲面，其中每一子曲面片定义在单位正方形域中某个具有非零面积的子矩形域上。应用 NURBS 曲面拟合变形面天线时，首先要对反射面进行分块处理，再对每个块域进行拟合。注意：要选取合适的权因子，否则可能得到坏的参数值，甚至毁掉随后的曲面形状。

NURBS 曲面方程采用如下有理基函数来表示：

$$p(u, v) = \sum_{i=0}^{m} \sum_{j=0}^{n} d_{i, j} R_{i, k; j, l}(u, v) \tag{5-97}$$

这里控制顶点 $d_{i, j}$ 构成控制网络，$R_{i, k; j, l}(u, v)$ 是双变量有理基函数，表示为

$$R_{i,k;j,l}(u,v) = \frac{\omega_{i,j} N_{i,k}(u) N_{j,l}(v)}{\sum\limits_{r=0}^{m} \sum\limits_{s=0}^{n} \omega_{r,s} N_{r,k}(u) N_{s,l}(v)} \tag{5-98}$$

式中：$\omega_{i,j}$ 是与控制顶点 $d_{i,j}$ 联系的权因子；$N_{i,k}(u)$ 和 $N_{j,l}(v)$ 分别为定义在节点矢量 **U** 与 **V** 上的非有理 B 样条基函数。

由上述方程表示的 NURBS 曲面，通常在确定两个节点矢量 **U** 与 **V** 时，就使其有规范的单位正方形定义域 $0 \leqslant u, v \leqslant 1$。该定义域被其内节点线划分成 $(m-k+1) \times (n-l+1)$ 个子矩形。欲确定每个曲面片的 NURBS 方程，需要确定以下数据：控制顶点 $d_{i,j}$ 及其权因子 $\omega_{i,j}(i=0,1,\cdots,m;j=0,1,\cdots,n)$、$u$ 参数的次数 k、v 参数的次数 l、u 向节点矢量 **U** 与 v 向节点矢量 **V**，其中次数 k 与 l 分别隐含于节点矢量 **U** 与 **V** 中。

曲面权因子的几何意义是：当 $\omega_{i,j}$ 增大时，曲面被拉向控制顶点 $d_{i,j}$；反之，曲面被推离控制顶点 $d_{i,j}$。这类似于曲线情况，权因子 $\omega_{i,j}$ 是附加的形状参数，它对曲面的局部推拉作用可以精确地定量确定曲面的形状信息。

NURBS 曲面也可按所取节点矢量沿每个参数方向划分为 4 种类型。对于开曲面或闭曲面，每个节点矢量的两端节点通常都取为重节点，重复度等于该方向参数次数加 1。这样可以使 NURBS 曲面的 4 个角点恰恰就是控制网格的四角顶点（即划分的块域角点），曲面在角点处的单向偏导矢恰好就是边界曲线在端点处的导矢。

NURBS 曲面的计算步骤如下：

（1）沿某一参数方向譬如 v 向进行，根据所给 v 参数值对 v 向的 $m+1$ 个控制多边形及其联系的权因子计算曲面上的点。

（2）求得 $m+1$ 个点及相应的权因子，将其作为中间顶点及权因子。

（3）根据所给 u 参数值对这些中间顶点及权因子进行计算，所得点即为所求 NURBS 曲面的点 $p(u,v)$。

（4）重复步骤（1）～（3），直至确定曲面块上的所有点。

5.7.2　RBF 神经网络拟合

近年来，各种前馈和局部逼近神经网络（包括 B 样条网络、BP 神经网络、RBF 神经网络、模糊神经网络等）是应用较多的拟合工具。RBF 神经网络具有对任意非线性函数逼近的功能，因此将其用于变形反射面的拟合。RBF 神经网络拟合的基本思想是将反射面上节点坐标中的 (x,y) 作为网络的输入，将另一个坐标 z 作为网络的输出，利用反射面分析的节点数据信息进行训练，实现从输入到输出的非线性映射。

RBF 神经网络由输入层和输出层组成，具体如图 5.24 所示。

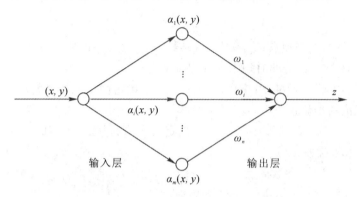

图 5.24   RBF 神经网络结构示意图

输入层实现的是从 (x, y) 到 $\alpha_i(x, y) = \psi_i(\|(x, y) - c_i\|/\sigma_i)$ 的非线性映射，其中所选取的基函数为

$$\alpha_i(x, y) = \psi_i(\|(x, y) - c_i\|/\sigma_i) \qquad (5-99)$$

式中：c_i 为第 i 个基函数的中心；σ_i 是自由选择的参数，其决定了该基函数围绕中心的宽度；$\|(x, y) - c_i\|$ 是节点 (x, y) 与中心 c_i 所构成的向量的范数，即两者之间的距离；ψ_i 是一个径向对称的函数，它在 c_i 处有一个唯一的最大值，随着 $\|(x, y) - c_i\|$ 的增大，ψ_i 快速衰减到 0。对于给定的输入 (x, y)，只有一小部分中心靠近 (x, y) 的处理单元被激活。

输出层实现从 $\alpha_i(x, y)$ 到 z 的线性映射，也就是

$$z = \boldsymbol{W}\boldsymbol{\alpha}(x, y) \qquad (5-100)$$

或存在 r 个输出时，有

$$z_j = \sum_{i=1}^{m} \omega_{ji}\alpha_i(x, y) \quad (j = 1, 2, \cdots, r) \qquad (5-101)$$

其中

$$\boldsymbol{W} = \begin{bmatrix} \omega_{11} & \omega_{12} & \cdots & \omega_{1m} \\ \vdots & \vdots & & \vdots \\ \omega_{r1} & \omega_{r2} & \cdots & \omega_{rm} \end{bmatrix}, \quad \boldsymbol{\alpha}(x, y) = \begin{bmatrix} \alpha_1(x, y) \\ \vdots \\ \alpha_m(x, y) \end{bmatrix}$$

连接权的学习算法为

$$\omega_{ij}(k+1) = \omega_{ij}(k) + \frac{\beta[z_i^d - z_i(k)]\alpha_j(x, y)}{\boldsymbol{\alpha}^{\mathrm{T}}(x, y)\boldsymbol{\alpha}(x, y)} \qquad (5-102)$$

其中：z_i^d 表示第 i 个输出量的期望值；$z_i(k)$ 表示第 i 个输出量第 k 次计算的实际输出值；β 是学习率，当 $0 < \beta < 2$ 时可确保迭代学习算法的收敛性，实际上通常只取 $0 < \beta < 1$。

在 0 到 1 之间选取学习率 β 时需要考虑学习率的影响：选取较大的 β 值，可以加快收敛；选取较小的 β 值，可以降低分析模型对误差噪声的敏感度。

训练网络时，可利用 Matlab 数值分析软件中的 RBF 神经网络函数 NEWRB。此外，径向基函数也可选为最常用的高斯函数：

$$\alpha_i(x, y) = \psi_i\left(\frac{\|(x, y) - c_i\|}{\sigma_i}\right) = \exp\left(-\frac{\|(x, y) - c_i\|^2}{\sigma_i^2}\right) \quad (5-103)$$

这样可使拟合后的反射面具有更好的光滑性，且拟合曲面具有任意阶导数。

第6章   阵列天线基础

反射面天线的应用领域非常广泛，但是反射面天线具有机械扫描惯性大、数据率有限、信息通道数少等缺点，不易满足雷达的自适应和多功能需求，且反射面天线的传输线易于被击穿，对极高功率雷达的应用有一定限制。以相控阵天线为代表的阵列天线是近年来正在发展的新技术，比单脉冲、脉冲多普勒等任何技术对雷达发展所带来的影响都要深刻和广泛。随着相控阵天线的深入发展和制造成本的逐步降低，部分反射面天线的应用领域逐渐被相控阵天线取代。

相控阵天线是由许多辐射单元排阵所构成的定向天线，各单元的幅度激励和相位关系可控。典型的相控阵天线通过控制移相器改变天线阵元的相位分布来实现波束的快速扫描，即电子扫描，简称电扫。有源相控阵天线（Active Phased Array Antenna，APAA）也称有源电子扫描阵列（Active Electronically Scanned/Steered Array，AESA），它是用电子方法实现天线波束指向在空间的转动或扫描的天线。有源相控阵天线技术可同时满足雷达高性能、高生存能力要求，是降低现代雷达研制及生产成本的重要途径，其为实现雷达的多功能提供了必要的条件。波束控制器是有源相控阵天线所特有的，它取代了机械扫描天线中的伺服驱动分系统。

6.1   直线阵因子

线性阵列（简称线阵）天线的电磁分析是相控阵天线方向图、增益等电性能分析的基础。图6.1所示为一个由 N 个阵元构成的线阵简图。天线阵元排成一直线，沿 y 轴按等间距方式排列，间距为 d。

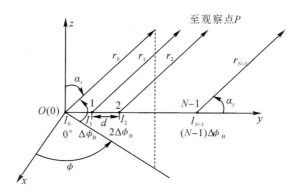

图 6.1 由 N 个阵元构成的线阵简图

线阵中第 i 个天线阵元在远区产生的电场强度 E_i 可表示为

$$E_i = K_i I_i f_i(\theta, \phi) \frac{\mathrm{e}^{-\mathrm{j}\frac{2\pi}{\lambda}r_i}}{r_i} \tag{6-1}$$

式中：K_i 为第 i 个天线阵元的比例常数；I_i 为第 i 个天线阵元的激励电流，$I_i = a_i \mathrm{e}^{-\mathrm{j}\Delta\phi_B}$，其中 a_i 为幅度加权系数，$\Delta\phi_B$ 为等间距线阵中相邻阵元之间的馈电相位差（阵内相移值）；$f_i(\theta, \phi)$ 为天线阵元方向图；r_i 为第 i 个阵元至目标位置的距离。

因此，由各天线阵元辐射场强在目标处产生的总场强 E 为

$$E = \sum_{i=0}^{N-1} E_i = \sum_{i=0}^{N-1} K_i I_i f_i(\theta, \phi) \frac{\mathrm{e}^{-\mathrm{j}\frac{2\pi}{\lambda}r_i}}{r_i} \tag{6-2}$$

若各阵元的比例常数 K_i 一致，阵元方向图 $f_i(\theta, \phi)$ 相同，则总场强 E 变为

$$E = K f(\theta, \phi) \sum_{i=0}^{N-1} a_i \mathrm{e}^{-\mathrm{j}\Delta\phi_B} \frac{\mathrm{e}^{-\mathrm{j}\frac{2\pi}{\lambda}r_i}}{r_i} \tag{6-3}$$

因目标位于天线的远区位置，所以近似有

$$r_i \approx r_0 - d\cos\alpha_y \tag{6-4}$$

由天线阵元的几何关系易知

$$\cos\alpha_y = \cos\theta\sin\phi \tag{6-5}$$

根据电磁场理论可知式(6-3)右边分母中的 r_i 可用 r_0 代替，再令 $K=1$，则有

$$E(\theta, \phi) = f(\theta, \phi) \sum_{i=0}^{N-1} a_i \mathrm{e}^{\mathrm{j}\left(\frac{2\pi}{\lambda}d\cos\theta\sin\phi - \Delta\phi_B\right)} \tag{6-6}$$

式(6-6)表示了天线方向图的乘积定理：阵列天线方向图 $E(\theta, \phi)$ 等于天线阵元方向图 $f(\theta, \phi)$ 与阵列因子的乘积，阵列因子就是式(6-6)右侧求和符号内部的各项之和。

6.2　阵列天线电磁分析

　　辐射结构是天线的工作端口，在相控阵中，它们往往是按网络排列的众多离散辐射阵元的集合。常见的排列方式有矩形、正三角形、六角形和随机排列等。图 6.2 所示为一种矩形排列的平面相控阵天线。下面分别给出矩形栅格、三角形栅格以及空间任意排列天线的电磁分析方法。

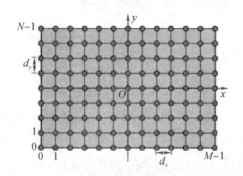

图 6.2　一种矩形排列的平面相控阵天线示意图

6.2.1　矩形栅格平面相控阵

　　图 6.3 所示为矩形栅格平面相控阵，其阵元间距为 d_x 和 d_y。为满足电磁辐射要求，阵元必须限制在 $\lambda^2/4$ 面积内（λ 为辐射波长）。第 (m,n) 阵元相对于坐标原点 O 的第 $(0,0)$ 阵元的距离矢量可表示为

$$\boldsymbol{\rho}_{mn} = md_x\boldsymbol{a}_x + nd_y\boldsymbol{a}_y \tag{6-7}$$

式中：$\boldsymbol{a}_x$ 和 $\boldsymbol{a}_y$ 分别为沿 x 轴和 y 轴的单位矢量。

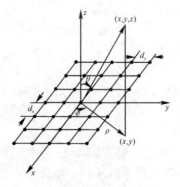

图 6.3　矩形栅格平面相控阵

对于上述具有 $M \times N$ 个阵元的矩形栅格平面相控阵天线，其辐射场强为

$$E_0(\theta, \phi) = \sum_{m=1}^{M} \sum_{n=1}^{N} I_{mn} \exp[jk(m\alpha_x + n\alpha_y)] \tag{6-8}$$

式中：

$$\alpha_x = d_x(\sin\theta\cos\phi - \sin\theta_0\cos\phi_0) \tag{6-9}$$

$$\alpha_y = d_y(\sin\theta\sin\phi - \sin\theta_0\sin\phi_0) \tag{6-10}$$

I_{mn} 为理想的电流幅度，k 为波数，d_x、d_y 为阵元间距，(θ_0, ϕ_0) 为波束指向。

图 6.4 给出了一种矩形波导平面相控阵天线形式，阵元间距为 d_x 和 d_y，阵元口径为 a 和 b。通常这种栅格阵列的口径场幅值分布是均匀的，相位分布是以位于坐标原点 O 的第 $(0,0)$ 阵元为中心的均匀锥削分布。其远区辐射场强类似，这里不再赘述。

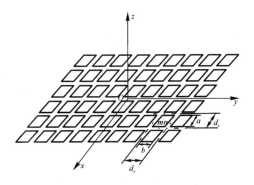

图 6.4　矩形波导平面相控阵

6.2.2　三角形栅格平面相控阵

图 6.5 所示为三角形栅格平面相控阵，这种阵列形式具有两个优点：① 阵元间的互耦效应比矩形栅格的小；② 所需阵元数比矩形栅格的少。

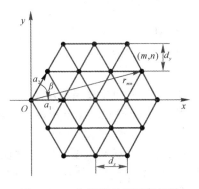

图 6.5　三角形栅格平面相控阵

　　图 6.5 中阵元间距为 d_x，排间距为 d_y，底角为 β，第 (m, n) 阵元相对于坐标原点 O 的第 $(0, 0)$ 阵元的距离矢量可表示为

$$\boldsymbol{r}_{mn} = (ma_1 + na_2\cos\beta)\hat{\boldsymbol{x}} + na_2\sin\beta\hat{\boldsymbol{y}} \tag{6-11}$$

式中：a_1 是基本三角形的底边长度；a_2 是斜边长度；$\hat{\boldsymbol{x}}$ 是 x 方向的单位矢量；$\hat{\boldsymbol{y}}$ 是 y 方向的单位矢量。

　　假设沿 a_1 方向上相邻两阵元间的相位差为 δ_1，沿 a_2 方向上相邻两阵元间的相位差为 δ_2，则第 (m, n) 阵元相对于第 $(0, 0)$ 阵元的相位差为

$$\delta_{mn} = m\delta_1 + n\delta_2 \tag{6-12}$$

　　再假定第 (m, n) 阵元的激励场幅值为 A_{mn}，经推导可得三角形栅格平面相控阵的辐射场方向图函数为

$$F(\theta, \phi) = \sum_{m=0}^{N-1}\sum_{n=0}^{N-m-1} A_{mn}\, e^{j\delta_{mn}} \exp[jkr_{mn}\cos(\phi - \phi_{mn})\sin\theta] \tag{6-13}$$

　　若 $(N-m-1)_{\min} = 0$，则此阵为三角形栅格平面相控阵；若 $(N-m-1)_{\min} \neq 0$，则此阵为六角形栅格平面相控阵。

　　基于三角形栅格平面相控阵，出现了如图 6.6 所示的环形平面相控阵组成形式。

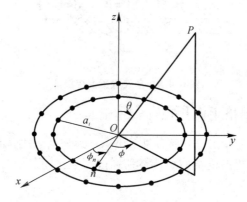

图 6.6　环形平面相控阵

6.2.3　空间相控阵

　　阵元间距以及阵元的馈电幅度和相位是决定空间相控阵天线方向特性的 3 个基本参量，对这 3 个参量分别控制和调整就形成了空间相控阵天线方向图的密度加权（Density Tapered）、幅度加权（Amplitude Tapered）和相位加权（Phase Tapered）的综合方法。在一些对天线的主瓣宽度要求高、造价限制大，而对增益和副瓣要求相对宽松的情况下，往往选用密度加权阵的天线形式。密度加权阵天线的远场分析可以采用普通阵列天线远场的分析方法。

假设空间相控阵天线由图 6.7 所示的 M 个具有任意极化取向的相似阵元组成。令第 m 号阵元的阵中相对激励电流为

$$I_m = \dot{I}_m \exp(\mathrm{j}\delta_m) \qquad (6-14)$$

该阵元相对于参考点 O 的位置矢量为 $\boldsymbol{d}_m$，若 $\boldsymbol{P}(\theta, \phi)$ 为观察方向，$\boldsymbol{P}(\theta_0, \phi_0)$ 为主波束指向，则相控阵天线的辐射场可表示为

$$E(\theta, \phi) = k \sum_{m=1}^{M} I_m \cdot \exp \mathrm{j}[\beta \boldsymbol{d}_m \cdot [\boldsymbol{P}(\theta, \phi) - \boldsymbol{P}(\theta_0, \phi_0)] + \delta_m] \cdot f_m(\theta, \phi)$$

$$(6-15)$$

式中：k 为与 (θ, ϕ) 方向无关的常数；β 为波数；$f_m(\theta, \phi)$ 为第 m 号阵元的阵中单元因子。对于有源相控阵天线，电流幅度 I_m 取 1，反之取 0。

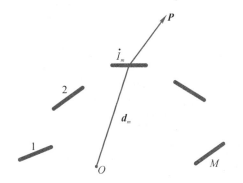

图 6.7 由 M 个具有任意极化取向的相似阵元组成的空间相控阵天线简图

6.3 阵元互耦

到目前为止，阵列一直被认为由独立阵元组成，并在阻抗上与馈电网络完美匹配。这种情况做了如下假设：① 阵元的终端电流与其入射信号成比例；② 每个阵元的相对电流分布是相同的（尽管它们与激励成比例的程度不同）；③ 方向图乘法是有效的。在一个阵列中，阵元之间的相互作用称为相互耦合（简称互耦），它改变了电流的大小、相位和各阵元在其自由空间上的分布。因此，总阵列方向图与无耦合情况不同。本节将讨论互耦对阻抗和方向图的影响，并介绍评估阵元阻抗和包含互耦的阵列方向图的方法。

这里先以 Hannan 的经典著作为代表，命名和定义阵列天线领域的几个术

语。无源阵列采用单个电源，配有功率分配器和相位调整装置。有源阵列的每个阵元都有独立的电源，这是最常见的阵列模型。从阵列中移除并与所有对象隔离的阵元的输入阻抗称为孤立阵元阻抗。在所有阵元都处于激活状态的阵列环境中，阵元阻抗称为有源阻抗或驱动阻抗。阵元的有源阻抗将随其在阵列中的位置和激励的不同而变化，包括扫描的相位。有源阻抗很难被测量，因为要求阵列是完全有源的。在实践中，阵元阻抗特性是根据其他所有阵元都处于未激活状态时，激活该阵元的特性进行描述的。

6.3.1　互耦中的阵元阻抗

如图 6.8(a)所示，互耦的 3 种机制分别是阵元之间的直接耦合，附近物体（如支撑塔）散射产生的间接耦合，阵元互连产生的馈电网络耦合。在许多实际的阵列中，可以通过在每个阵元上进行适当的阻抗匹配来最小化馈电网络耦合，这使得阵列中的每个阵元都可以用独立的电源进行建模。如图 6.8(b)所示，第 m 个阵元的电源电压为 U_m^g，终端阻抗为 Z_m^g，阵元终端上的电压 U_m 和电流 I_m 考虑了所有的耦合效应。利用传统的电路分析方法，将 n 个阵元组成的阵列作为一个 n 端口网络，有

$$\begin{cases} U_1 = Z_{11}I_1 + Z_{12}I_2 + \cdots + Z_{1n}I_n \\ U_2 = Z_{12}I_1 + Z_{22}I_2 + \cdots + Z_{2n}I_n \\ \quad\quad\quad\quad\vdots \\ U_n = Z_{1n}I_1 + Z_{2n}I_2 + \cdots + Z_{nn}I_n \end{cases} \quad\quad (6-16)$$

式中：U_n 和 I_n 分别为第 n 个阵元的外加电压和电流；Z_{nn} 为其他所有阵元都开路时第 n 个阵元的自阻抗。阵元 m 和 n 的两个终端对之间的互阻抗 Z_{mn}（由相互性知 $Z_{mn} = Z_{nm}$）是由第一个终端对的开路电压除以施加于第二个终端对的电流（当其他所有端口都是开路时）进行定义的，即

$$Z_{mn} = \frac{U_m}{I_n}\bigg|_{I_i=0} \quad\quad (i \neq n) \quad\quad (6-17)$$

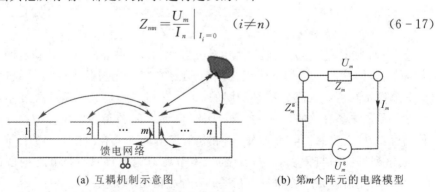

　　　　(a) 互耦机制示意图　　　　　　　　(b) 第 m 个阵元的电路模型

图 6.8　全激励阵列天线的互耦

例如，$Z_{12} = Z_{21} = U_2/I_1$，其中，端口 2 开路。一般来说，很难计算或测量互阻抗。在自由空间中，电压为 U_1、电流为 I_1 的天线，其输入阻抗为

$$Z_{11} = \frac{U_1}{I_1} \quad （单个孤立天线） \tag{6-18}$$

如果天线 2 与天线 1 接近，那么来自天线 1 的辐射会在天线 2 上产生电流，而天线 2 会辐射并影响天线 1 上的电流。天线 2 可以被激励，也可以不被激励（寄生），但无论如何它都有终端电流 I_2。因此，天线 1 的总电压为

$$U_1 = Z_{11} I_1 + Z_{12} I_2 \tag{6-19}$$

同理，天线 2 端口处的电压为

$$U_2 = Z_{21} I_1 + Z_{22} I_2 \tag{6-20}$$

注意，式(6-16)是式(6-19)和式(6-20)的通用表达式。

现在假设天线 2 的两端有一个负载阻抗 Z_2^g（$U_2^g = 0$），使得 $U_2 = -Z_2^g I_2$，则式(6-20)可以写成

$$-Z_2^g I_2 = Z_{21} I_1 + Z_{22} I_2 \tag{6-21}$$

由 $Z_{12} = Z_{21}$ 求得

$$I_2 = \frac{-Z_{21} I_1}{Z_{22} + Z_2^g} = \frac{-Z_{12} I_1}{Z_{22} + Z_2^g} \tag{6-22}$$

将式(6-22)代入式(6-19)并除以 I_1 得

$$\frac{U_1}{I_1} = Z_1 = Z_{11} - \frac{Z_{12}^2}{Z_{22} + Z_2^g} \tag{6-23}$$

由此可知，输入阻抗由两个自阻抗 Z_{11} 和 Z_{22}、互阻抗 Z_{12} 以及在天线 2 未激励端的负载阻抗 Z_2^g 表示。

上述所讨论的天线之间耦合的等效电路如图 6.9 所示。对于单个孤立天线（例如天线 2 非常远），其 $Z_{12} = 0$，且由式(6-23)知，输入阻抗等于自阻抗，即 $Z_1 = Z_{11}$。如果天线 2 开路，则 $Z_2^g = \infty$，且由式(6-23)得 $Z_1 = Z_{oc} = Z_{11}$。开路意味着天线 2 的电流为零。这发生在半波偶极子等天线中，其谐振行为被开路消除。在其他天线（如全波偶极子）中，即使开路也会在天线上感应出电流。所以在开路情况下，应移走天线 2。

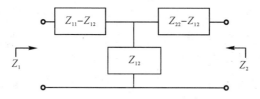

图 6.9　天线之间耦合的等效电路

一般从开路和短路测量中确定互阻抗的步骤如下：

(1) 开路(或移走)天线 2，在天线 1 端口测量 $Z_{oc}=Z_{11}$，对于相同的天线，$Z_{22}=Z_{11}$；

(2) 短路天线 2，在天线 1 端口处测量 Z_{sc}；

(3) 用下式计算 Z_{12}：

$$Z_{12}=\sqrt{Z_{oc}(Z_{oc}-Z_{sc})} \qquad (6-24)$$

此式可由式(6-23)得到(当 $Z_2^g=0$ 时)。

6.3.2　互耦中的阵列方向图

除阵元阻抗外，互耦还会影响阵列的辐射特性。阵列的辐射特性可通过仿真或测量每个嵌入式天线阵元参数来表征，但这样做十分烦琐，较好的方法是使用包含了耦合效应的近似技术。本节主要介绍孤立阵元方向图方法和有源阵元方向图方法。

1. 孤立阵元方向图方法

孤立阵元方向图方法是指将总阵列方向图中的所有耦合效应都归入激励中。阵列方向图可表示为

$$F_{un}(\theta,\phi)=g_i(\theta,\phi)\sum_{m=1}^{N}I_m e^{j\xi_m} \qquad (6-25)$$

其中：ξ_m 是空间相位延迟后的总相位分布(通常以阵列中心为参考)；$g_i(\theta,\phi)$ 是孤立阵元方向图。在没有耦合效应的情况下，电流与激励电压成正比。第 m 个阵元考虑了耦合效应的简单电路模型如图 6.8(b)所示，数学表示式为

$$I_m=\frac{U_m^g}{Z_m^g+Z_m} \qquad (6-26)$$

这被称为"自由激励"，因为阵元终端电压会随着扫描角度的变化而变化。对于均匀网格中相同单元的无限阵列，其中所有阵元均具有相同的耦合，每个阵元处于相同的环境，且有源阻抗也相同，因此所有 Z_m 相同。此时，电流与阵元端子上的电压成正比，表示为

$$I_m=\frac{U_m^g}{Z_m^g+Z_m}\propto U_m \qquad (6-27)$$

这种方法适用于大型的、等间距的阵列。对于有限阵列，则忽略了耦合效应所导致的终端电流的变化，仅考虑了电源电压的变化。由于很难获得准确的电流信息来计算式(6-25)，通常采用有源阵元方向图方法。

2. 有源阵元方向图方法

有源阵元方向图方法中，所有耦合效应都归入有源阵元。通过激励第 n 个

阵元并将电源阻抗 Z^g 加载于其他阵元,可以得到有源阵元方向图 $g_{ae}^n(\theta, \phi)$。有源阵元方向图是由第 n 个阵元的直接辐射和其他阵元重新辐射的场共同作用产生的,而其他阵元的场又通过空间耦合从第 n 个阵元获得能量。阵列方向图可表示为

$$F_{un}(\theta, \phi) = \sum_{n=1}^{N} g_{ae}^n(\theta, \phi) I_n e^{j\xi_n} \tag{6-28}$$

这里电流 I_n 与激励电压 U_n 成正比,如式(6-27),全部互耦影响都组合在有源阵元方向图 $g_{ae}^n(\theta, \phi)$ 中,该方向图取决于阵元特性和阵列几何形状。为了表示增益变化的可能性,有源阵元方向图是相对于靠近阵列中心的参考单元的。对阵列中的每个有源阵元方向图进行测量很烦琐,通常也不必要。对于等间距阵列中的大量相同阵元,除边缘阵元外,每个阵元都处于最近邻的相同环境中。适当的近似方法是使用平均有源阵元方向图 $g_{ae}(\theta, \phi)$ 对式(6-28)进行因式分解,得到典型中心阵元的标准化方向图:

$$F_{un}(\theta, \phi) = g_{ae}(\theta, \phi) \sum_{n=1}^{N} I_n e^{j\xi_n} \tag{6-29}$$

该方法的优点是式(6-29)右侧求和符号内部的相加项是基于不考虑互耦的简单理论的阵列因子,所有耦合效应都包含在平均有源阵元方向图中,它是通过测量大型阵列的单个中心阵元的方向图求得的。

由式(6-29)得到如下近似公式:

$$F(\theta, \phi) = g_{ae}(\theta, \phi) f(\theta, \phi) \tag{6-30}$$

式中:$g_{ae}(\theta, \phi)$ 是平均有源阵元方向图;$f(\theta, \phi)$ 是阵列因子;$F(\theta, \phi)$ 是阵列方向图。这与方向图乘法公式形式相同,但包含了耦合效应,这种近似方法在实践中得到了广泛应用。平均有源阵元方向图在阵列构造中起着重要作用,如果没有构建好有源阵元方向图,那么整个阵列不会具备良好的电性能。

6.4　天线的辐射阵元

下面从阵列天线角度阐述对称振子、微带贴片、喇叭、波导裂缝等 4 种常见天线辐射阵元的基本电磁特性及分析方法,并简要介绍机载与弹载领域常用的辐射阵元。

6.4.1 对称振子

图 6.10 所示的对称振子是振子类辐射阵元的最基本形式。由对称振子可衍生出伞形振子、微带振子、折叠振子、单极振子等。

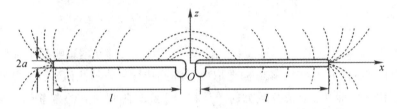

图 6.10 对称振子

对称振子各臂的半径 a 远小于臂长 l，对称振子由无限小间隙中幅度为 U_0 的脉冲源平衡馈电，这等效于不考虑振子末端效应。由传输线理论可知，振子臂上的电流分布近似为正弦型，即

$$I(x)=\begin{cases} I_0\sin[k(l-x)], & x\geqslant 0 \\ I_0\sin[k(l+x)], & x<0 \end{cases} \tag{6-31}$$

式中：I_0 为电流波腹幅度；$k=2\pi/\lambda$，λ 为波长。

一般细振子的电流及相位分布分别为

$$\begin{cases} I(x)=I_1(x)+jI_2(x)=\dfrac{U_0}{120D(l,a)\ln\dfrac{2l}{a}}[f_1(x)+jf_2(x)] \\ \varphi=\arctan\dfrac{f_2(x)}{f_1(x)} \end{cases} \tag{6-32}$$

式中：D 为 (l,a) 的实函数；φ 为激励电流 I 的相位；$I_1(x)$ 和 $I_2(x)$ 分别为激励电流 I 的实部和虚部；$f_1(x)$ 和 $f_2(x)$ 分别为转换后激励电流 I 的实部和虚部。

非圆（椭圆、矩形）截面的振子可用等效截面来处理，其电流分布用等效半径圆柱振子来近似。形状简单的截面可由保角变换求得等效半径 a_{eq}。椭圆截面的 a_{eq} 为

$$a_{eq}=\frac{1}{2}(a+b) \tag{6-33}$$

式中，a、b 分别为椭圆长、短半轴长度。

工程中常用的辐射阵元是伞形振子，即两臂夹角 $\theta<180°$ 的振子，如图 6.11 所示。伞形振子臂上的电流分布类似于对称振子，伞形振子适合用作圆极化辐射阵元和相控阵天线阵元。折叠振子是另一类常用的振子型辐射阵元，它是由半径分别为 a_1 和 a_2 的两个圆柱振子末端相连，在一个振子臂中心馈电所形成

的辐射阵元，如图 6.12 所示。

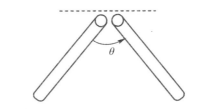

图 6.11 伞形振子

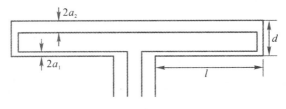

图 6.12 折叠振子

1. 方向图

由场矢量的叠加原理可计算对称振子的辐射场方向图（或波瓣）。若振子上电流分布为 $I(z)$，则可将其分解成多个电流元 $I(z)\mathrm{d}z$，每个电流元在空间 r 处的场 $\mathrm{d}E(\theta,\phi)$ 为

$$\mathrm{d}E(\theta,\phi)=\mathrm{j}\frac{60\pi I(z)\mathrm{d}z}{\lambda r}\sin\theta\mathrm{e}^{-\mathrm{j}kr} \tag{6-34}$$

整个振子的空间场分布 $E(\theta,\phi)$ 为各电流元场的叠加，即

$$E(\theta,\phi)=-\mathrm{j}\frac{60 I_0}{r}\mathrm{e}^{-\mathrm{j}kr}f(\theta,\phi) \tag{6-35}$$

天线方向图是场的相对值，即

$$f(\theta,\phi)=\frac{\cos(kl\cos\theta)-\cos(kl)}{\sin\theta} \tag{6-36}$$

由于方向图主瓣的双叶性，单纯对称振子不适合用作绝大多数雷达天线的辐射阵元。为使波瓣单叶，可以在振子轴平行的方向后面适当距离 h 处设置一无限大导电平面。工程上常用有限尺寸导电平面或其他反射器代替无限大导电平面。导电平面的作用可由镜像元来代替，如图 6.13 所示。根据场的叠加原理，可求得有镜像的水平振子 E 面波瓣 $f_E(\theta)$ 为

$$f_E(\theta)=\frac{\cos(kl\sin\theta)-\cos(kl)}{\cos\theta}\sin(kh\cos\theta) \tag{6-37}$$

H 面波瓣 $f_H(\phi)$ 为

$$f_H(\phi)=\sin(kh\cos\phi) \tag{6-38}$$

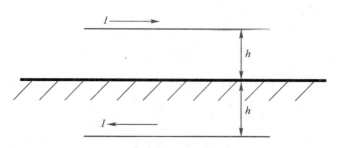

图 6.13　无限大导电平面的镜像元

2. 互耦

在阵列环境下，振子的辐射性能会因振子周围的电磁耦合而发生变化，这种变化是机电耦合设计必须考虑的基本因素之一。由网络理论可知，强迫馈电条件下 $M \times N$ 阵元面阵中第 mn 个振子的电压和电流满足下列关系：

$$U_{mn} = \sum_{p=1}^{M} \sum_{q=1}^{N} Z_{mn, pq} I_{pq} \tag{6-39}$$

式中：$Z_{mn, pq}$ 为 mn 阵元与 pq 阵元间的互阻抗；I_{pq} 为 pq 阵元的电流。

对 M 元线阵，有

$$U_{m} = \sum_{p=1}^{M} Z_{mp} I_{p} \tag{6-40}$$

式中：Z_{mp} 为 m 阵元与 p 阵元间的互阻抗；I_{p} 为 p 阵元的电流。

将式（6-40）写成矩阵方程：

$$\boldsymbol{U} = \boldsymbol{Z}\boldsymbol{I} \tag{6-41}$$

式中：$\boldsymbol{U}$ 为阵元馈电电压列矢量；$\boldsymbol{I}$ 为阵元电流列矢量；$\boldsymbol{Z}$ 为 $M \times N$ 阶阻抗矩阵，即

$$\boldsymbol{Z} = \begin{bmatrix} Z_{11} & Z_{12} & \cdots & Z_{1N} \\ Z_{21} & Z_{22} & \cdots & Z_{2N} \\ \vdots & \vdots & & \vdots \\ Z_{M1} & Z_{M2} & \cdots & Z_{MN} \end{bmatrix} \tag{6-42}$$

其中称 Z_{mn} 为阵元自阻抗。

自阻抗定义为其余辐射阵元开路条件下某一阵元的输入阻抗，而互阻抗定义为 pq 阵元输入单位电流在 mn 阵元上感应产生的电压（其余阵元均为开路）。

对互易的线性系统，有

$$Z_{mn, pq} = Z_{pq, mn} \tag{6-43}$$

显然 M 元线阵中辐射阵元的自阻抗与自由空间的输入阻抗是不同的。在初步设计阶段或精度要求不高时，可由自由空间的输入阻抗来近似自阻抗。

mn 阵元的阵中输入阻抗 Z_{mn}^{in} 的计算公式为

$$Z_{mn}^{\mathrm{in}} = \sum_{p=1}^{M} \sum_{q=1}^{N} \frac{I_{pq}}{I_{mn}} Z_{mn,\,pq} \qquad (6-44)$$

工程上可通过实验测得辐射阵元间的散射系数 $S_{mn,\,pq}$（或称耦合系数），从而求得阵中辐射单元的有源输入阻抗。需要指出的是，$S_{mn,\,pq}$ 是辐射阵元在常功率激励（或自由激励）下且其余辐射阵元接匹配负载时测得的。

若 pq 阵元的入射波幅度为 a_{pq}，mn 阵元的入射波幅度为 a_{mn}，则 mn 阵元的有源反射系数 Γ_{mn}^{a} 为

$$\Gamma_{mn}^{\mathrm{a}} = \sum_{p=1}^{M} \sum_{q=1}^{N} S_{mn,\,pq} \frac{a_{pq}}{a_{mn}} \qquad (6-45)$$

于是 mn 阵元的归一化有源输入阻抗 Z_{mn}^{a} 为

$$Z_{mn}^{\mathrm{a}} = \frac{1 + \Gamma_{mn}^{\mathrm{a}}}{1 - \Gamma_{mn}^{\mathrm{a}}} \qquad (6-46)$$

辐射单元的阵中波瓣亦称有源波瓣，它不同于自由空间中的波瓣，而是其他辐射单元接匹配负载时的波瓣，可由散射系数求得。如阵面在 xy 平面，则球坐标系下辐射单元的阵中波瓣 $f^{\mathrm{a}}(\theta, \phi)$ 为

$$f^{\mathrm{a}}(\theta, \phi) = f_0(\theta, \phi) \sum_{p=1}^{M} \sum_{q=1}^{N} S'_{mn,\,pq} \exp\{\mathrm{j}[(p-m)d_x u + (q-n)d_y v]\}$$

$$(6-47)$$

式中：$S'_{mn,\,pq} = \begin{cases} 1 + S_{mn,\,pq}, & m=p, \; n=q \\ S_{mn,\,pq}, & 其他 \end{cases}$；$f_0(\theta, \phi)$ 为辐射单元自由空间波瓣；d_x、d_y 分别为 x、y 方向辐射单元间距；u、v 为广义角坐标，即

$$\begin{cases} u = k\sin\theta\cos\phi \\ v = k\sin\theta\sin\phi \end{cases} \qquad (6-48)$$

由于互耦影响，阵中辐射单元的电磁性能如输入阻抗、阵中波瓣等将因阵元的位置而变化，在设计低副瓣或超低副瓣有限阵列天线时必须对互耦进行校准。

3. 馈电

前面所讨论的振子型天线特性均基于振子平衡馈电的假设。所谓平衡馈电，是指振子二臂等幅反相激励。如图 6.14 所示，同轴线直接与振子二臂相连，二臂的电流变为不等幅，这是因为与内导体相连的一臂的电流和内导体上的电流相等，与外导体相连的一臂，有一部分电流（I_3）流到外导体的外壁，因此 $I_1 > I_2$；此外，同轴线外壁电流的辐射使振子的方向图不对称，且最大方向偏离侧射方向，同时输入阻抗也发生改变。

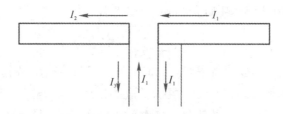

图 6.14　同轴线馈电振子电流

为达到平衡馈电,必须在同轴线与天线间加上平衡变换器(简称平衡器)。平衡器种类很多,某些平衡器还具有阻抗变换功能。振子加上平衡器后可得到平衡馈电,但在分析其特性时必须包含平衡器的影响,这对振子型相控阵天线的扫描特性分析尤为重要。

6.4.2　微带贴片

微带贴片在星载、机载、弹载天线领域具有广阔的应用前景。微带贴片的基本形式如图 6.15 所示。微带贴片天线是在带有导电接地板的介质基片上附加导电贴片而构成的天线。微带贴片天线的主要特点如下:

(1)体积小,重量轻,剖面低且能共形。

(2)易得到多种极化,可双频或多频工作,最大辐射方向可调整。

(3)能与有源器件集成,增加了可靠性及降低了造价。

(4)工作频带窄。

(5)损耗大,效率低,主要有介质损耗、导体损耗和表面波损耗。

(6)功率容量小,主要取决于介质基片材料。

(7)介质基片的性能对天线性能影响大;极化纯度低,交叉极化高。

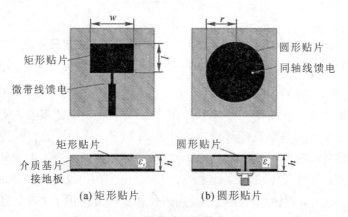

图 6.15　微带贴片的基本形式

1. 介质基片的选择

介质基片的选择是设计微带贴片天线的重要一环，它将影响天线的尺寸、工作带宽、效率、功率容量和加工工艺。

选择介质基片时一般应考虑以下因素（见图 6.16）：① 介电常数 ε_r、损耗角 $\tan\delta$ 值以及它们的频率特性；② 各向同性，即在各个方向的电磁场作用下，介质基片各点的 ε_r、$\tan\delta$ 等性能的一致性，特殊应用需采用非各向同性介质基片（如铁氧体）的例外；③ 热膨胀系数或温度系数（这在星载应用中尤为重要）；④ 加工的稳定性、可加工性及抗冲击能力；⑤ 结构强度；⑥ 可黏性（即导电贴片与介质基片的黏结强度）以及电镀对介质基片性能的影响；⑦ 功率容量；⑧ 表面波激励的可能性；⑨ 特殊环境对介质基片性能的影响，如抗腐蚀、抗氧化和抗辐射等。表 6.1 给出了几种常用介质基片的物理性能。

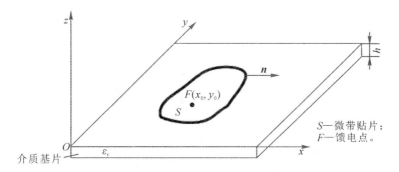

图 6.16　微带贴片天线结构示意图

表 6.1　常用介质基片的物理性能

基片	ε_r	$\tan\delta$	热导率/[W/(m·K)]	尺寸稳定性	温度范围/℃	热膨胀系数/(10^{-6}/K)
聚四氟乙烯（PTFE）	2.1	10^{-4}	0.0026	一般	55～260	16～108
石英	3.8	10^{-4}	0.01	良	1100	0.55
氧化铝	9.8	4×10^{-4}	0.36	优	1600	6.3～6.4
蓝宝石	1.7, 9.4	10^{-4}	0.42	良	24～270	6
半绝缘砷化镓	13	6×10^{-4}	0.5	良	55～260	5～7
PTFE-玻璃布	2.17～2.55	9×10^{-4}～22×10^{-4}	—	一般	27～260	—

2. 分析方法

微带贴片天线的分析方法主要有传输线法、空腔模法和全波法 3 种。传输线法与空腔模法可得到天线电性能与参数间简单的数字关系，但精度较低。而以麦克斯韦方程时域解为基础的全波法具有以下 4 个特点：① 精确，能对阻抗特性和辐射特性提供精确的结果；② 完整，结果包括介质损耗、导体损耗、表面波辐射、空间波辐射及外部互耦；③ 可分析任意形状单层和多层微带天线和阵列以及各种馈电方法；④ 计算量大。常用的全波法有谱域法、混合位电场积分方程法和时域有限差分法。下面简要介绍理论推导中常用的传输线法和空腔模法。

1) 传输线法

传输线法主要用于分析矩形微带贴片的工作原理与计算方法。根据传输线理论，矩形微带贴片天线单元方向图可以由等效磁流元辐射场得到，即矩形微带贴片辐射可等效为二元辐射缝直线阵列的辐射。根据传输线法计算矩形微带贴片天线的 H 面与 E 面的方向图函数如下：

$$\begin{cases} F_H(\theta) = \dfrac{\sin\left(\dfrac{1}{2}kl\cos\theta\right)}{\cos\theta}\sin\theta \\[4mm] F_E(\theta) = \cos\left(\dfrac{1}{2}kw\sin\theta\right) \end{cases} \qquad (6-49)$$

式中，$k = 2\pi/\lambda$ 表示波常数，λ 为工作波长。

2) 空腔模法

空腔模法可分析多种形状的微带贴片天线，只要天线几何形状能分割并构成空腔，就可进行分析。但空腔模法只能分析单个贴片而不能应用于阵列。空腔模理论基于薄微带贴片天线 $h \ll \lambda$ 的假设，将导电贴片与导电接地板间的空间看成四周为磁壁、上下为电壁的谐振腔。使用空腔模法时，先求天线的场源分布，即空腔封闭面内的场，再求天线外场。空腔模法对薄微带贴片天线（h 为百分之几的波长）具有很好的精度。

由于贴片的四周为磁壁，等效电流为零，切向电场 E_z 由等效磁流 $\boldsymbol{J}_m$ 产生，因此可由惠更斯源的合成方法求得贴片的远场：

$$\boldsymbol{E} = E_\theta \hat{\boldsymbol{\theta}} + E_\phi \hat{\boldsymbol{\phi}} \qquad (6-50)$$

矩形贴片 TM_{01} 主模为

$$\begin{cases} E_\theta = j\dfrac{4kU_{01}}{\lambda r} e^{-jkr} e^{j\frac{u+v}{2}} \sin\dfrac{u}{2}\cos\dfrac{v}{2}\left(\dfrac{w^2}{u^2} + \dfrac{l^2}{v^2 - \pi^2}\right)\sin\theta\sin\phi\cos\phi \\[4mm] E_\phi = j\dfrac{4kU_{01}}{\lambda r} e^{-jkr} e^{j\frac{u+v}{2}} \sin\dfrac{u}{2}\cos\dfrac{v}{2}\left(\dfrac{w^2\cos^2\phi}{u^2} - \dfrac{l^2\sin^2\phi}{v^2 - \pi^2}\right)\sin\theta\cos\theta \end{cases} \qquad (6-51)$$

式中，U_{01} 为等效模电压，即 $\begin{cases} u = kl\sin\theta\cos\phi \\ v = kw\sin\theta\sin\phi \end{cases}$。

3. 品质因子、主模阻抗带宽和辐射效率

1) 品质因子

品质因子 Q 被定义为天线谐振时存储的能量与损耗功率之比，即

$$Q = \frac{\omega_0 W_T}{P_c + P_d + P_r + P_{sw}} \qquad (6-52)$$

式中：P_c 为贴片金属有限电导率 σ 的损耗；P_d 为基片介质损耗；P_r 为空间波辐射损耗；P_{sw} 为表面波辐射损耗；ω_0 为谐振角频率；W_T 为存储能量。考虑到：

$$P_c \approx \frac{\omega_0 W_T}{h\sqrt{\pi f_0 \mu_0 \sigma}}$$

$$P_d = 2\omega_0 W_T \tan\delta$$

$$P_r = \frac{1}{240\pi} \int_0^{\pi/2} \int_0^{2\pi} (|E_\theta|^2 + |E_\phi|^2) R^2 \sin\theta \mathrm{d}\theta \mathrm{d}\phi$$

$$P_{sw} = \frac{3.4 H_e}{1 - 3.4 H_e} P_r$$

$$H_e = \frac{h}{\lambda}\sqrt{\varepsilon_r - 1}$$

可得

$$\frac{1}{Q} = \frac{1}{Q_c} + \frac{1}{Q_d} + \frac{1}{Q_r} + \frac{1}{Q_{sw}} \qquad (6-53)$$

式中，右边每一项 Q 代表有关的品质因子，表示为

$$\begin{cases} Q_c = h\sqrt{\pi f_0 \mu_0 \sigma} = \dfrac{h}{\Delta} \quad (\Delta \text{ 为导体的趋肤深度}) \\[2mm] Q_d = \dfrac{1}{\tan\delta} \\[2mm] Q_r = \dfrac{\omega_0 W_T}{P_r} \\[2mm] Q_{sw} = \dfrac{\omega_0 W_T}{P_{sw}} \end{cases} \qquad (6-54)$$

2) 主模阻抗带宽

微带贴片天线的主模阻抗带宽 BW_s 通常可由等效电路导出，即

$$BW_s = \frac{S-1}{Q\sqrt{S}} \qquad (6-55)$$

其中，S 为电压驻波比。

若取 $S=2$，则有

$$\text{BW}_s = \frac{1}{\sqrt{2}\,Q} \tag{6-56}$$

在微带贴片天线适用频率范围内，$Q \approx \varepsilon_r/h$，故 $\text{BW}_s \approx h/\varepsilon_r$，即微带贴片天线的主模阻抗带宽与介电常数 ε_r 成反比，与基片厚度 h 成正比。

3）辐射效率

天线的辐射效率 η 可表示为

$$\eta = \frac{P_r}{P_c + P_d + P_r + P_{sw}} = \frac{Q}{Q_r} \tag{6-57}$$

4. 谐振频率漂移

微带贴片天线是窄带的，各参数的误差对谐振频率的影响比较严重。在天线制造中，基片厚度和介电常数等参数误差将导致天线性能恶化。根据误差统计理论和谐振频率与各参数的关系，可得到如下的矩形贴片谐振频率漂移 $\Delta f_r/f_r$ 计算公式：

$$\frac{\Delta f_r}{f_r} = \left\{ \left(\frac{\Delta l}{l}\right)^2 + \left(\frac{0.5}{\varepsilon_e}\right)^2 \left[\left(\frac{\partial \varepsilon_e}{\partial w}\Delta w\right)^2 + \left(\frac{\partial \varepsilon_e}{\partial h}\Delta h\right)^2 + \left(\frac{\partial \varepsilon_e}{\partial \varepsilon_r}\Delta \varepsilon_r\right)^2 + \left(\frac{\partial \varepsilon_e}{\partial t}\Delta t\right)^2 \right] \right\}^{1/2} \tag{6-58}$$

式中：f_r 为谐振频率；Δl 为贴片长度 l 的变化量；Δw 为贴片宽度 w 的变化量；Δh 为基片厚度 h 的变化量；ε_e 为等效介电常数；t 为导电贴片厚度。通常 $w/h \gg 1$ 时，w、t 的变化对 ε_e 的影响很小，故式（6-58）简化为

$$\frac{\Delta f_r}{f_r} = \left\{ \left(\frac{\Delta l}{l}\right)^2 + \left(\frac{0.5}{\varepsilon_e}\right)^2 \left[\left(\frac{\partial \varepsilon_e}{\partial h}\Delta h\right)^2 + \left(\frac{\partial \varepsilon_e}{\partial \varepsilon_r}\Delta \varepsilon_r\right)^2 \right] \right\}^{1/2}$$

其中：

$$\frac{\partial \varepsilon_e}{\partial \varepsilon_r} = 0.5 \left[1 + \left(1 + \frac{10h}{w}\right)^{-\frac{1}{2}} \right]$$

$$\frac{\partial \varepsilon_e}{\partial h} = -\frac{2.5(\varepsilon_r - 1)}{w} \left(1 + \frac{10h}{w}\right)^{-\frac{3}{2}}$$

对于圆形贴片，其谐振频率漂移为

$$\frac{\Delta f_r}{f_r} = \left[\left(\frac{\Delta a}{a}\right)^2 + \left(\frac{0.5\Delta \varepsilon_r}{\varepsilon_r}\right)^2 + \left(\frac{0.5}{\varepsilon_e} \times \frac{\partial \varepsilon_e}{\partial h}\Delta h\right)^2 \right]^{1/2} \tag{6-59}$$

式中，Δa 为贴片半径 a 的变化量。

6.4.3 喇叭

喇叭广泛地应用于反射面天线、透镜天线和空馈相控阵天线等场合。喇叭天线的主要优点是容易控制和实现对波瓣宽度的要求以及有较低的副瓣电平，

同时频率特性好、结构简单。如图 6.17 所示，矩形喇叭天线主要有 3 种形式：
① 由波导宽壁展开而形成的 H 面扇形喇叭；② 由波导窄壁展开而形成的 E
面扇形喇叭；③ 由波导宽壁、窄壁同时展开而形成的角锥喇叭。为了进一步改
善上述喇叭的电性能，发展了多种形式的特殊喇叭，如多模喇叭、波纹喇叭、
加脊喇叭、介质加载喇叭等。

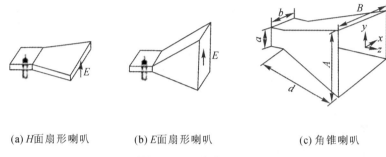

(a) H 面扇形喇叭　　　(b) E 面扇形喇叭　　　　(c) 角锥喇叭

图 6.17　矩阵喇叭天线

喇叭天线的近似分析方法基于下述假设：

（1）喇叭无限长，喇叭壁由理想导体壁组成且场源在喇叭之外，即喇叭内
无外加电流与磁流；

（2）有限长喇叭口面上的电磁场分布与无限长喇叭同一截面上的电磁场分
布相同，即忽略有限长喇叭口面处的反射及高次模。

1. H 面扇形喇叭

研究 H 面扇形喇叭时所采用的坐标系如图 6.18 所示。

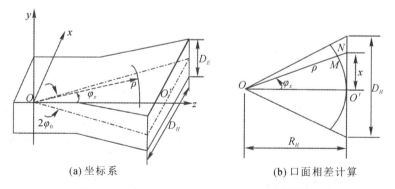

(a) 坐标系　　　　　　　　　　(b) 口面相差计算

图 6.18　研究 H 面扇形喇叭时所采用的坐标系

因为 H 面扇形喇叭的等相面是柱面，所以在喇叭口面处必将产生相差。
由图 6.18 可知，以口面中心 O' 为参考相位的 $\Delta\varphi_x$ 为

$$\Delta\varphi_x = \frac{2\pi}{\lambda}\overline{MN} \tag{6-60}$$

通常 $D_H < R_H$ 及 $k\rho > \dfrac{\pi}{2\varphi_0}$，于是

$$\Delta\varphi_x \approx \frac{\pi}{\lambda}\frac{x^2}{R_H}$$

从而得到

$$\begin{cases} E_y \approx E_0 \cos\dfrac{\pi x}{D_H} e^{-j\frac{\pi}{\lambda}\frac{x^2}{R_H}} \\ H_x = -\dfrac{E_y}{120\pi} \end{cases} \tag{6-61}$$

利用口径面的场分布，由等效电流、磁流求得空间辐射场，因此 H 面和 E 面的辐射场为

$$E_H = A_0 \left\{ e^{j\frac{\pi}{4}\lambda R_H}\left(\frac{1}{D_H}+\frac{2\sin\theta}{\lambda}\right)^2\left[C(u_1)+C(u_2)-jS(u_1)-jS(u_2)\right]+ \right.$$
$$\left. e^{j\frac{\pi}{4}\lambda R_H}\left(\frac{1}{D_H}-\frac{2\sin\theta}{\lambda}\right)^2\left[C(u_3)+C(u_4)-jS(u_3)-jS(u_4)\right] \right\} \tag{6-62}$$

$$E_E = \frac{1}{2}A_0 e^{-j\frac{\pi}{4}\frac{\lambda R_H}{D_H^2}}\left[C(v_1)+C(v_2)-jS(v_1)-jS(v_2)\right]\frac{\sin\left(\frac{\pi D_E}{\lambda}\sin\theta\right)}{\frac{\pi D_E}{\lambda}\sin\theta} \tag{6-63}$$

式中：

$$u_1 = \frac{1}{\sqrt{2}}\left[\frac{D_H}{\sqrt{\lambda R_H}}-\sqrt{\lambda R_H}\left(\frac{1}{D_H}+\frac{2\sin\theta}{\lambda}\right)\right]$$

$$u_2 = \frac{1}{\sqrt{2}}\left[\frac{D_H}{\sqrt{\lambda R_H}}+\sqrt{\lambda R_H}\left(\frac{1}{D_H}+\frac{2\sin\theta}{\lambda}\right)\right]$$

$$u_3 = \frac{1}{\sqrt{2}}\left[\frac{D_H}{\sqrt{\lambda R_H}}+\sqrt{\lambda R_H}\left(\frac{1}{D_H}-\frac{2\sin\theta}{\lambda}\right)\right]$$

$$u_4 = \frac{1}{\sqrt{2}}\left[\frac{D_H}{\sqrt{\lambda R_H}}-\sqrt{\lambda R_H}\left(\frac{1}{D_H}-\frac{2\sin\theta}{\lambda}\right)\right]$$

$$v_1 = \frac{1}{\sqrt{2}}\left(\frac{D_H}{\sqrt{\lambda D_H}}-\frac{\sqrt{\lambda D_H}}{D_H}\right),\ v_2 = \frac{1}{\sqrt{2}}\left(\frac{D_H}{\sqrt{\lambda D_H}}+\frac{\sqrt{\lambda D_H}}{D_H}\right),\ A_0 = 常数$$

$$C(x) = \int_0^x \cos\left(\frac{\pi}{2}t^2\right)dt,\ S(x) = \int_0^x \sin\left(\frac{\pi}{2}t^2\right)dt$$

由上可知：H 面扇形喇叭 E 面波瓣与波导口辐射器 E 面波瓣相同；H 面相位波瓣是 θ 的函数，因而 H 面扇形喇叭不存在确定的相位中心；张角 $2\varphi_0$ 较大时，由公式计算的波瓣与实测的波瓣相差较大，这是因为计算过程中没有考虑口面反射与喇叭口面外壁电流的绕射的影响。

2. E 面扇形喇叭

E 面扇形喇叭的分析方法和假设条件与 H 面扇形喇叭的相同。经分析可知，E 面扇形喇叭 H 面和 E 面的方向图分别为

$$\begin{cases} F_H = \left(\dfrac{\lambda}{\lambda_g} + \cos\theta\right) \dfrac{\cos\left(\dfrac{\pi D_H}{\lambda}\sin\theta\right)}{1 - \left(\dfrac{2D_H}{\lambda}\sin\theta\right)^2} \left[C(w) - jS(w)\right] \\[4mm] F_E = \left(1 + \dfrac{\lambda}{\lambda_g}\cos\theta\right)\{[C(w_1) + C(w_2)] - j[S(w_1) + S(w_2)]\} \end{cases} \quad (6-64)$$

式中，$w_1 = \dfrac{D_E}{\sqrt{\lambda R_E}} + \sqrt{\dfrac{R_E}{\lambda}}\sin\theta$，$w_2 = \dfrac{D_E}{\sqrt{\lambda R_E}} - \sqrt{\dfrac{R_E}{\lambda}}\sin\theta$，$w = \dfrac{D_E}{\sqrt{2\lambda R_E}}$，$R_E$ 为 E 面扇形喇叭的顶点到喇叭边缘的距离。

3. 角锥喇叭

设计角锥喇叭时，可用扇形喇叭电磁场的知识来近似分析，假设如下：

（1）喇叭中仅传播主模（TE_{10} 模），与矩形波导中的 TE_{10} 模不完全相同，主要差别是等相面不同，波导中等相面为平面，而角锥喇叭中等相面是以喇叭顶点为中心的球面；

（2）距喇叭顶点足够远处的电磁场趋于横电磁场，即 $E_z \approx 0$，$H_z \approx 0$ 且 $\boldsymbol{E}$ 和 $\boldsymbol{H}$ 与等相面相切；

（3）口面没有反射。

根据扇形喇叭口面相差公式可知，角锥喇叭口面相差为

$$\Delta\varphi \approx \frac{\pi}{\lambda}\left(\frac{x^2}{R_H} + \frac{y^2}{R_E}\right) \quad (6-65)$$

由于小张角的角锥喇叭 $R_E \approx R_H$，大张角的角锥喇叭 $R_E \neq R_H$，因此角锥喇叭口径场分布为

$$\begin{cases} E_y \approx E_0 \cos\dfrac{\pi x}{D_H} e^{-j\frac{\lambda}{\pi}\left(\frac{x^2}{R_H} + \frac{y^2}{R_E}\right)} \\[3mm] H_x \approx \dfrac{-E_y}{120\pi} \\[3mm] E_x \approx E_z \approx 0, \ H_z \approx H_y \approx 0 \end{cases} \quad (6-66)$$

由式（6-66）可知，角锥喇叭 E 面方向图与 E 面扇形喇叭 E 面方向图一样，角锥喇叭 H 面方向图与 H 面扇形喇叭 H 面方向图一样。

4. 圆锥喇叭

为简化理论推导，假设：

（1）喇叭中的主模同波导中的一样，为 TE_{11} 模，口径处场的幅度分布和圆

形波导口面的相同，口面处有近似的平方相差存在；

（2）不考虑口面处的反射，实际上反射很小；

（3）不计口面处喇叭壁的电流分布与高次模。

经推导，可得圆锥喇叭的口径场分布为

$$
\begin{cases}
E_x = E_\rho\cos\phi - E_\phi\sin\phi = E_0 \mathrm{e}^{-\mathrm{j}\frac{2\pi\rho}{\lambda_{g0}}} \left[\dfrac{a}{\rho} \mathrm{J}_1\left(\dfrac{\delta\rho}{a}\right) - \delta \mathrm{J}_1'\left(\dfrac{\delta\rho}{a}\right) \right] \sin\phi\cos\phi \\
E_y = E_\rho\sin\phi + E_\phi\cos\phi = E_0 \mathrm{e}^{-\mathrm{j}\frac{2\pi\rho}{\lambda_{g0}}} \left[\dfrac{a}{\rho} \mathrm{J}_1\left(\dfrac{\delta\rho}{a}\right)\sin^2\phi + \delta \mathrm{J}_1'\left(\dfrac{\delta\rho}{a}\right)\cos^2\phi \right]
\end{cases}
$$
$$\tag{6-67}$$

式中：a 为喇叭口面半径；J_1 为一阶 Bessel 函数；J_1' 为一阶 Bessel 函数的导数；δ 为 $\mathrm{J}_1'(x)=0$ 的一个根，即 $\delta = 1.841$；λ_{g0} 为工作波长。

5. 相位中心

用作天线馈源的喇叭的相位中心十分重要，其定义为：远区辐射场的等相面与通过天线轴线某平面相交曲线的曲率中心。理论上只有线极化天线且口径场是同相或线性相差时，才有确定的相位中心。但实际上，线极化天线远区场的等相面通常接近球面，或在主辐射方向附近区域接近于球面。因此，在工程上有一近似的"喇叭天线相位中心"，其位置为沿天线轴线离开口径向内的距离，表示如下：

$$
\Delta \approx r''(0) = \begin{cases}
\dfrac{16}{175} R_H \Delta\varphi_H^2 \cos(0.22\Delta\varphi_H) & (H \text{ 面}) \\
\dfrac{8}{45} R_E \Delta\varphi_E^2 \cos(0.22\Delta\varphi_E) & (E \text{ 面})
\end{cases}
$$
$$\tag{6-68}$$

其中，$\Delta\varphi_H = \dfrac{\pi a^2}{\lambda R_H}$，$\Delta\varphi_E = \dfrac{\pi b^2}{\lambda R_E}$，$a$、$b$ 分别为矩形波导的宽边和窄边尺寸，R_E 和 R_H 分别为喇叭 E 面和 H 面的高。注意，式（6-68）的适用条件为等相面轴对称。

6.4.4 波导裂缝

裂缝阵列天线已应用于多种地面和机载雷达系统中。了解波导裂缝的分析方法和基本特性是设计波导裂缝谐振阵和行波阵的基础。设计高效率、低副瓣或超低副瓣波导裂缝阵列要精确计算和分析裂缝辐射单元的阵中特性。下面简要介绍矩形波导裂缝自由空间阻抗和阵中有源阻抗的分析方法。

只有当波导裂缝切割波导时，波导壁上的表面电流才具有辐射功能，因此假设波导仅传播主模，不考虑裂缝所产生的高次模。从等效电路角度分析，当裂缝切割波导壁上的纵向表面电流时，裂缝可等效为串联阻抗；当裂缝切割波导壁上的横向表面电流时，裂缝可等效为并联导纳；若同时切割纵向和横向表面电流，则裂缝可等效为 T 型或Ⅱ型网络。图 6.19 所示为常用的 4 种裂缝等效电路图。

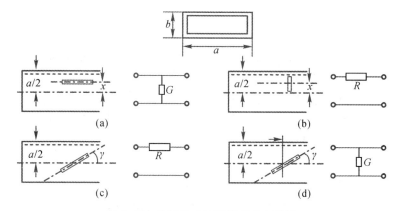

图 6.19　常用的 4 种裂缝等效电路图

根据传输线理论和波导模的 Green 函数，以及波导壁很薄且为理想导体、裂缝窄、缝长为半波长左右、切割裂缝的波导壁无限大 4 个条件，可以推导出归一化波导特性阻抗或导纳的裂缝谐振电阻或电导。

（1）宽壁纵向并联缝（见图 6.19(a)）：

$$\frac{G}{Y_0}=2.09\frac{\lambda_{\mathrm{g}}}{\lambda}\times\frac{a}{b}\cos^2\frac{\pi\lambda}{2\lambda_{\mathrm{g}}}\sin^2\frac{\pi x}{a} \tag{6-69}$$

式中：λ_{g} 为波导波长；λ 为自由空间波长。

（2）宽壁横向偏移缝（见图 6.19(b)）：

$$\frac{R}{Z_0}=0.523\left(\frac{\lambda_{\mathrm{g}}}{\lambda}\right)^3\times\frac{\lambda^2}{ab}\cos^2\frac{\pi\lambda}{4a}\cos\frac{\pi x}{a} \tag{6-70}$$

（3）宽壁倾斜串联缝（见图 6.19(c)）：

$$\frac{R}{Z_0}=0.131\frac{\lambda}{\lambda_{\mathrm{g}}}\times\frac{\lambda^2}{ab}\left[I(\gamma)\sin\gamma+\frac{\lambda_{\mathrm{g}}}{2a}J(\gamma)\cos\gamma\right]^2 \tag{6-71}$$

其中：

$$I(\gamma)=\frac{\cos\left(\frac{\pi\xi}{2}\right)}{1-\xi^2}+\frac{\cos\left(\frac{\pi\eta}{2}\right)}{1-\eta^2}$$

$$J(\gamma)=\frac{\cos\left(\frac{\pi\xi}{2}\right)}{1-\xi^2}-\frac{\cos\left(\frac{\pi\eta}{2}\right)}{1-\eta^2}$$

$$\xi=\frac{\lambda}{\lambda_{\mathrm{g}}}\cos\gamma-\frac{\lambda}{2a}\sin\gamma$$

$$\eta=\frac{\lambda}{\lambda_{\mathrm{g}}}\cos\gamma+\frac{\lambda}{2a}\sin\gamma$$

（4）窄壁倾斜缝（见图 6.19(d)）：

$$\frac{G}{Y_0} = 0.131 \frac{\lambda_g}{\lambda} \times \frac{\lambda^4}{a^3 b} \left[\frac{\sin\gamma \cos\left(\frac{\pi\lambda}{2\lambda_g}\sin\gamma\right)}{1 - \left(\frac{\lambda}{\lambda_g}\sin\gamma\right)^2} \right]^2 \tag{6-72}$$

式中：a、b 为矩形波导宽边和窄边尺寸；x 为缝中心相对于轴线的偏置位移；γ 为倾斜缝相对于轴线的倾角。

由于实际波导裂缝并不完全满足上述 4 个假设条件，故实测值与计算值存在差异，但该差异一般是可接受的。与振子型天线不同，波导裂缝处的高次模效应产生的电抗会影响谐振长度。

6.5　有源相控阵天线误差因素

各种误差的存在，不可避免地导致天线口径面上的幅相分布偏离理论设计值，从而使得天线的电性能恶化，如增益下降、副瓣抬高、波束指向产生偏差等。有源相控阵天线的电性能由两个方面决定，一是其自身机械结构，二是其馈电网络系统，故影响天线电性能的误差因素主要来自结构和馈电两个方面，见图 6.20。

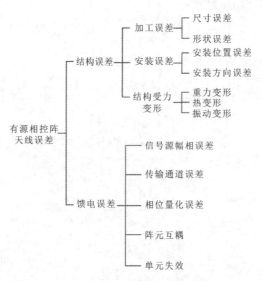

图 6.20　有源相控阵天线误差分类

1. 结构误差

有源相控阵天线的结构误差指与结构因素有关的一类误差。其主要分为以下几种：

（1）加工误差。受加工方法、加工设备、工艺条件、外界因素、操作人员技术水平及材料特性等因素影响，在加工过程中天线单元的尺寸误差，天线阵面的平面度误差以及结构部件的形状误差等都属于加工误差。加工误差是不可控制、无法事先预测的，故加工误差为随机误差。

（2）安装误差。天线单元加工完成后，需将其安装在天线阵面中组成阵列。受装配方法、定位方式、压紧力大小等因素的影响，安装过程中天线单元的位置偏移和安装方向偏转都属于安装误差。安装误差也是随机误差。

（3）结构受力变形。天线工作时，受自重、太阳照射、雨雪等载荷影响，阵面结构会发生变形，导致阵面上的天线单元偏离初始位置，从而引起天线电性能的变化。在天线的结构形式、材料属性、约束条件及载荷信息等已知的情况下，可通过计算得到阵面结构受力变形，故结构受力变形是系统误差。

因加工误差引起的天线单元尺寸误差一般较小，故分析结构误差对天线电性能的影响时，主要考虑由安装误差及结构受力变形引起的天线单元位置误差。受阵元位置误差影响，阵列中天线单元的相对位置发生改变，阵列天线在远场空间的相位分布发生变化，从而引入空间相位差，导致辐射电磁波在空间的干涉和叠加的结果发生改变，引起天线电性能下降。

2. 馈电误差

有源相控阵天线的馈电误差指天线单元上激励电流的幅度和相位的误差。其主要分为以下几种：

（1）信号源幅相误差。实际信号源和理想信号源存在一定偏差，即信号源本身存在一定的幅度和相位误差。此误差属于随机误差。

（2）传输通道误差。功率分配网络及传输通道的性能差异可引起传输过程中电流信号的幅度损失和相位延迟，从而引入了传输通道误差。此误差属于随机误差。

（3）相位量化误差。采用数字移相器后，由于移相值的离散性，实际能得到的相位值为最小移相值的整数倍，从而引入了相位量化误差。此误差属于系统误差。

（4）阵元互耦。阵列中的天线单元工作时，既受到自身激励电流的作用，也受到周围天线单元对其辐射产生的感应激励电流的作用，导致天线单元上激励电流幅相值发生改变，从而改变口面上的幅相分布。阵元互耦属于系统误差。

（5）单元失效。阵列中存在单元失效时，向空间辐射电磁波的天线单元个数减少，电磁波在空间叠加的结果发生改变。单元失效属于随机误差。

天线单元辐射产生的空间电磁波的幅相信息由单元上电流的幅相信息决定，故当天线单元上激励电流存在幅相误差时，由天线辐射出的电磁波发生改变，从而影响整个阵列在空间中的辐射电场分布，导致天线电性能下降。

有源相控阵天线的结构误差和馈电误差都会引起远场空间的幅相分布的改变，继而影响天线电性能。其中：结构误差改变的是天线单元在阵列中的位置，不改变天线单元上的激励电流的幅相值，引入的是空间相位误差；馈电误差改变的是天线单元上的激励电流的幅相值，不改变天线单元在阵列中的位置，引入的是阵内相位误差。

6.6 星载可展开有源相控阵天线

星载可展开有源相控阵天线作为空间通信、电子侦察、导航、环境监测等卫星系统的重要有效载荷，通过空间可展开结构实现较大的物理口径，利用有源相控阵体制实现独立控制多个点波束，克服了传统机械扫描天线的诸多缺点，已成为航空航天领域的关键装备之一。

以卫星为平台的可展开有源相控阵天线一方面具有大口径、轻型的结构，满足了星载信息装备结构的要求，另一方面具有高增益、作用距离远、波束快速扫描、波束形状捷变和多波束形成等特点，满足了星载信息装备性能的要求。星载可展开有源相控阵天线的成功研制涉及天线大口径设计、可展开及阵面精度控制技术、天线轻量化技术、新型材料及元器件技术等诸多方面。

6.6.1 展开结构的特点

相比于单口径反射面天线，有源相控阵天线具有更多的设计自由度，如线阵、平面阵、共形阵等，能很好地实现高增益、窄波瓣、空间扫描、空间多目标跟踪、空分多址和自主控制等功能。它不仅用于多目标跟踪、反导预警、舰载、机载、星载雷达系统及电子对抗系统中，还应用于通信、空中交通管制、医疗、矿产资源探测、反恐缉毒等领域。星载可展开有源相控阵天线主要有条带、扫描、聚束、干涉、大视角、多波束和地面动目标显示（GMTI）等多种工作模式，可实现灵活的波束扫描，以满足波束指向的要求，同时具有高增益、低副瓣、高分辨率和高可靠性等优点，是当今发展迅速、应用潜力非常大的一种适用于星载的天线形式。受运载火箭发射平台及装载平台体积的限制，星载可展开有源相控阵天线具有复杂的展开机构。作用距离远的卫星天线性能要求使得星载可展开有源相控阵天线口径越来越大。庞大的物理口径和复杂的展开机构对天线整机影响较大，因此卫星系统的轻量化主要集中在有源相控阵天线结构的轻量化。

1. 大口径、可展开结构

要实现远距离和大范围的区域扫描与覆盖，星载可展开有源相控阵天线需要具备很大的功率口径积，因此在星载平台功率受限的情况下，天线要求具有大的物理口径。根据轨道部署和性能指标的不同，天线口径可达几十至几百平方米，如美国海洋卫星 SEASAT-1 上的 SAR 天线口径为 $10.74 \text{ m} \times 2.16 \text{ m}$，NASA 和 JPL 开发的 LIGHT-SAR 卫星天线口径为 $10.8 \text{ m} \times 2.9 \text{ m}$，加拿大工作在 C 波段的 RADARSAT-2 卫星天线口径为 $15 \text{ m} \times 1.37 \text{ m}$，日本 JAXA 与三菱公司合作开发的工作于 L 波段的 ALOS-2 卫星天线口径为 $9.9 \text{ m} \times 2.9 \text{ m}$，俄罗斯用于潜艇探测的 ALMAZ-1B 卫星天线口径为 $15 \text{ m} \times 1.5 \text{ m}$，美国 Northrop Grumman 公司开发的工作在 L 波段的相控阵透镜天线口径为 $60 \text{ m} \times 25 \text{ m}$，美国 Ball 公司研制的低轨星载可展开有源相控阵天线工程样机口径达 $13.8 \text{ m} \times 63.6 \text{ m}$。

由于运载火箭整流罩尺寸的限制，星载可展开有源相控阵通常具有可展开结构。天线阵面通常被分成若干块刚性子阵面板，工作前，折叠收拢在星体周围；当卫星进入预定轨道后，天线阵面通过伸展机构在卫星舱外展开。如日本的 JERS-1 卫星和 IGS-1B 卫星、欧空局的 ERS-2 卫星、印度的 RISAT-1 卫星等皆采用可展开有源相控阵天线。

2. 轻型结构

为适应发射需要和降低发射成本，大口径和复杂展开结构的星载有源相控阵天线要求天线具有良好的轻型结构。目前，星载可展开有源相控阵天线主要有两种结构：折叠平面阵列天线和柔性阵列天线。星载可展开有源相控阵天线质量占整个卫星有效载荷重量的 80% 以上，因此卫星有效载荷的轻量化主要集中在天线结构的轻量化。

1）轻型折叠平面阵列天线

在星载可展开有源相控阵天线结构中，蜂窝夹层结构复合材料具有质量轻、强度高、抗弯性能好、耐高温、表面精度高和成型工艺简单等特点，是折叠平面阵列天线的主要阵面材料(见图 6.21),在美国、加拿大及欧空局各成员国的星载可展开有源相控阵天线中得到了广泛应用。折叠平面阵列天线受天线口径的限制,太大就会超重,如 SIR-C 卫星天线质量达 900 kg、DISCOVER-2 卫星天线质量达 1500 kg,对卫星载荷系统造成了较大负担;同时大口径阵面需要复杂的展开机构,对机构的可靠性提出了非常高的要求。

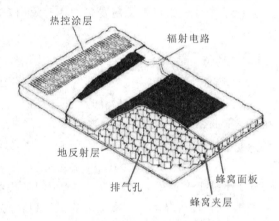

热控涂层　辐射电路　地反射层　排气孔　蜂窝面板　蜂窝夹层

图 6.21　SEASAT-1 蜂窝夹层结构面板

2) 轻型柔性阵列天线

采用薄膜等结构形式的柔性阵列天线具有重量超轻、收藏体积小、易于折叠和展开、可靠性高等特点。它的主要原理是将高频接收/发射天线设置于可折叠天线的内部,同时将背面的高频馈线部分做成柔性可折叠的,这样可减轻星载可展开有源相控阵天线的质量。采用薄膜结构的柔性阵列天线的质量为同尺寸折叠平面阵列天线的 1/2～1/5,体积小于同尺寸折叠平面阵列天线的 1/10,发射费用下降 1～2 个数量级。图 6.22 和图 6.23 分别给出了两种展开方式的柔性阵列天线,即发射时折叠或卷曲收缩,入轨后以充气或线轮方式展开。

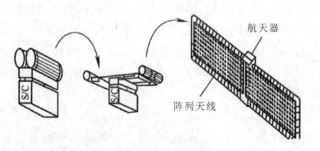

航天器　阵列天线

图 6.22　充气方式相控阵天线的展开过程

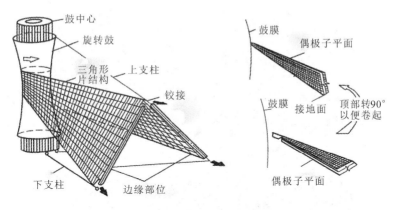

图 6.23　线轮方式相控阵天线的展开过程

　　美国 JPL 在星载展开结构形式方面已积累了较多的技术基础。早期的薄膜阵列天线是在 20 世纪末发展的 L 波段 SAR 阵列天线（见图 6.24），该天线面密度低达 $1.7~\mathrm{kg/m^2}$。2003 年 JPL 开发了带有 T/R 组件的天线结构（见图 6.25）。2008 年 JPL 又开发了 $3~\mathrm{m}\times5~\mathrm{m}$ 的有源相控阵天线，并进行了地面试验（见图 6.26）。图 6.27 所示口径为 $3~\mathrm{m}\times100~\mathrm{m}$ 的充气薄膜阵列天线可在很高的频段工作，易于满足未来星载可展开有源相控阵天线轻型、大口径等特点。但是，受材料的限制，大口径薄膜天线高精度的阵面难以得到保证。为了获得大口径和更好的阵面精度，可采用刚柔结合的展开形式（见图 6.28）。

图 6.24　L 波段薄膜阵列天线

图 6.25　2×4 个单元的 L 波段有源相控阵天线

图 6.26　16×16 个单元的 L 波段有源相控阵天线

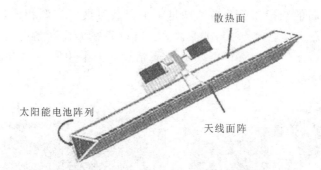

图 6.27　口径为 3 m×100 m 的充气薄膜阵列天线

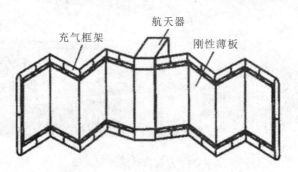

图 6.28　刚柔结合的展开形式

6.6.2　结构设计要点

星载可展开有源相控阵天线系统的研制主要涉及 T/R 组件、移相器、馈线系统、辐射单元、电源、展开机构以及热控系统等七项关键分系统的设计。与陆基相控阵天线相比,星载可展开有源相控阵天线一方面在波束、效率等电性能方面有更为严苛的要求,另一方面由于要保证天线大口径、可展开及轻量化,在材料选择方面,需采用轻型薄板(膜)材料;在电子元器件选择方面,体积小和重量轻是关键;另外,天线在太空环境中要长期经受太阳和行星的红外辐射及空间低温热沉作用,温度环境极为恶劣,因此天线热控系统设计也极其重要。下面对星载有源相控阵天线的七项关键分系统的设计进行简要说明。

1. T/R 组件

星载可展开有源相控阵天线由大量的 T/R 组件组成,其性能的优劣直接影响天线的整体性能。由于发射平台、工作状态下能源供应、故障诊断和维修的限制,星载可展开有源相控阵天线系统对 T/R 组件的突出要求是轻量化、小型化、高效率、大带宽和低噪声。表 6.2 给出了两卫星天线的 T/R 组件性能参数对比,可见星载领域对 T/R 组件的综合要求是很高的。

表 6.2　两卫星天线的 T/R 组件性能参数对比

参　数	ALOS	ALOS-2
高功率放大器	硅双极晶体管	氮化镓晶体管
功率/W	25	34
工作带宽/MHz	28	85
T/R 组件数/个	80	180
效率	25%	35%
噪声系数/dB	2.9	2.9
T/R 组件尺寸/ (mm×mm×mm)	203×117×23.5	200×110×14.6
T/R 组件质量/g	675	400

日本的 PALSAR 卫星、欧空局的 ASAR 卫星、加拿大的 RADARSAT-2 卫星、德国的 TERRASAR-X 卫星和美国的 DISCOVER-2 卫星的可展开有源相控阵天线均采用了体积小、重量轻、便于辐射单元混合集成的高效片式 T/R

组件(见图 6.29)。通过低温共烧陶瓷(LTCC)、微组装技术、高集成度的驱放模块、高能电容和结构优化设计,可实现峰值功率超过 100 W、重量低于 600 g 的航天 T/R 组件。随着单片微波集成电路(MMIC)技术的快速发展,T/R 组件的轻量化和小型化程度会大大提高(见图 6.30)。

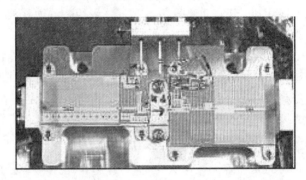

图 6.29 高效片式 T/R 组件

衰减器　　移相器　　放大器　　天线单元

图 6.30 MMIC 技术的应用

2. 移相器

星载可展开有源相控阵天线由多个天线单元组成,每个单元(或若干单元组成的子阵)通过与其相连的移相器的相位改变,实现波束扫描,也就是依靠移相器可以实现对阵列中各天线单元的"馈相",即为阵列中各天线单元通道提供所要求的实现波束扫描或改变波束形状的相位分布。移相器的相位改变通过电控实现，不仅波束扫描的速度极高而且波束的形状、数目以及运动方式都可以预先设置，随时控制。电控移相器是星载可展开有源相控阵天线必不可少的部件，对它的主要要求是：有足够的移相精度；移相数值稳定，不随温度、信号电平等变化；插入损耗小，端口驻波小，承受功率高（用于发射阵）；移相速度快，所需控制功率小。此外，体积小、重量轻、寿命长、成本低等条件也很重要。

RF MEMS(射频微机电系统)在星载 T/R 组件方面应用前景良好，这是因为它具有如下特点：RF MEMS 不仅可以大幅缩小相控阵天线体积，还可减轻其重量；MEMS T/R 组件在低功耗方面表现突出，能减轻相控阵扫描阵列的散热问题，延长其寿命；相比于传统的 T/R 组件，MEMS T/R 组件的插入损耗低，仅需一般相控阵 25%～50% 的 T/R 组件数量即可满足天线系统功能需要；MEMS 器件具有高线性度、宽带性能和开关高隔离度的特点，应用 MEMS T/R 组件能提高相控阵天线的带宽、灵敏度，降低瞄准误差。

3. 馈线系统(馈电网络)

在星载可展开有源相控阵天线中，从发射机输出端将信号传送至阵列中各天线单元或将阵列中各天线单元接收到的信号传送至接收机，这个过程通常称为"馈电"；而为阵列中各天线单元通道提供所要求的实现波束扫描或改变波束形状的相位分布则称为"馈相"。如图 6.31 所示，SEASAT-1 卫星有源相控阵天线阵列单元之间采用微带线连接，天线采用同轴线进行馈电。由于天线单元数量较大，因此馈线网络比较复杂，受星载环境特殊性的限制，在满足天线电性能要求的前提下，馈线系统一体化布局设计是关键。

图 6.31　SEASAT-1 卫星有源相控阵天线馈线系统

有源馈电网络收发系统工作在星载 T/R 板上(见图 6.32),受天线的工作时间、工作模式及卫星的工况等影响,板上各点的温度有差异。T/R 组件的幅相特性是温度敏感参量,因此,控制阵面所有 T/R 组件的温度分布尤为重要。为了控制阵面温度,需要采取温度控制措施。另外,生产中要控制元器件的一致性(即保证不同元器件的性能差异不能太大)。

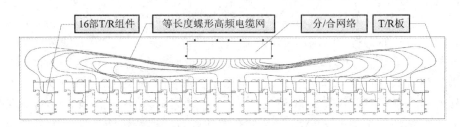

图 6.32　星载有源馈线系统结构布局

4. 辐射单元

辐射单元、移相器和馈电网络是星载可展开有源相控阵天线的三个基本组成部分,其中基本辐射单元的性能在很大程度上决定着天线的电性能。目前,星载可展开有源相控阵天线的辐射单元主要有微带天线和波导裂缝天线两种,其特性比较如表 6.3 所示。

表 6.3　微带天线与波导裂缝天线特性比较

参　　数	微带天线	波导裂缝天线
带宽	窄	宽
增益	低	高
效率	低	高
环境适应性	差	较好
加工工艺	低成本光刻	高精度数控
成本	低	较高

如图 6.33 所示,微带天线具有剖面低、质量小、体积小、结构简单、成本低和可与馈电网络共面集成等优点,但微带天线效率较低(50%以下),而且频带相对较窄,常工作在 C 波段以下。如美国的 SEASAT-1 和 IRIDIUM 卫星、欧空局的 ENVISAT 卫星、意大利的 COSMO-SKYMED 卫星、日本的 JERS-1 和 ALOS-2 卫星的有源相控阵天线单元均采用微带天线。

图 6.33　微带天线

如图 6.34 所示，波导裂缝天线具有高隔离度和低剖面的优点，其效率可达 70%，减轻了电源的负担；缺点是结构复杂，加工难度大。C 波段以上波导裂缝具有较大优势。如欧空局的 ERS-1 和 ERS-2 卫星、俄罗斯的 ALMAZ-1 卫星、德国的 TERRASAR-X 卫星和韩国的 KOMPSAT-5 卫星的有源相控阵天线单元均采用波导裂缝天线。设计既满足电性能指标又符合结构要求（体积、重量、可靠性、安装等）的星载有源相控阵天线单元是天线研制成功的关键之一。

图 6.34　波导裂缝天线

5. 电源

卫星平台的限制，对星载可展开有源相控阵天线电源的体积和重量提出了较高的要求。采用高效率的高密度组装电源（High Density Packaging Power Supply，HDPP）可明显降低整个天线阵面的体积和重量。另外，大功率相控阵天线一般需要几百安培的电流，给空间应用带来了很大的风险，因此适用于大口径轻型阵面的高效可靠的电源方案设计非常重要。目前常采用分布式多个电流模块，每个模块为一部分单元供电，化大电流为小电流，且易于实现冗余备份，这样可明显提高天线系统的可靠性。

图 6.35 所示为高密度组装的大型锂离子电池，该电池共有 2016 个锂离子电池单元，能够支持星载偏置天线 17.8 kW 的峰值功率需求，电池总质量为

136 kg，最小寿命为 5 年，可靠性高达 99.9%。该电池由 8 个相同的模块构成，每个模块由 2 个并联的电气接线盒和将接线盒连接到电流传感器(CUS)的 2 根电源总线组成。这种高密度组装电池通过改变拓扑结构和模块数量来满足相控阵天线高功率的要求，提高了天线系统设计柔度，并降低了研制成本。

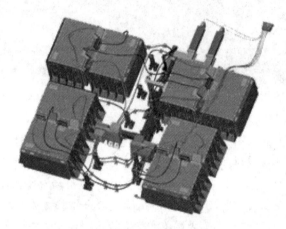

图 6.35 高密度组装的大型锂离子电池

6. 展开机构

　　星载可展开有源相控阵天线展开机构的设计在卫星系统设计中占有重要的地位，因有源相控阵天线广阔的军事及民用应用前景，可展开性已成为现代大口径星载可展开有源相控阵天线的一个显著特征。为满足不同卫星的需要，各发达国家已经或正在研究各式各样的可展开天线。根据目前可展开天线在航天领域的应用与研究情况，星载可展开有源相控阵天线的展开机构形式主要有折叠式展开结构(见图 6.36)、单轴卷开式展开结构(见图 6.37)和双线轴展开结构(见图 6.38)等。复杂的展开机构是确保天线系统能正常工作的首选条件，因此应保证展开机构的可靠性。

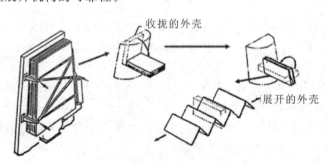

图 6.36 折叠式展开结构

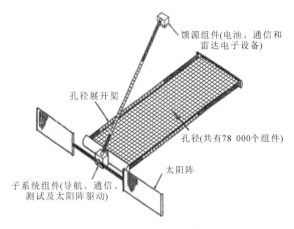

图 6.37 单轴卷开式展开结构

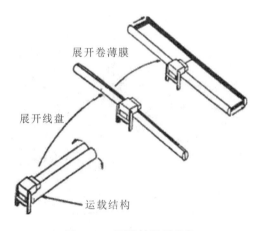

图 6.38 双线轴展开结构

7. 热控系统

星载可展开有源相控阵天线从运载、入轨、运行至返回地面这段期间要经受各种环境的考验。特别是在轨运行或星际航行过程中，航天器将受到多种空间环境效应的作用，主要包括真空、冷黑、太阳辐射、弱磁场、粒子辐射、磁层亚暴、微重力、原子氧、微流星、电离层等离子体等。而热是卫星系统在轨运行阶段重要的环境因素之一。因为卫星要长期经受太阳和行星的红外辐射及空间低温热沉作用，温度场周期性地剧烈变化，波动幅度可达±200℃，温度环境极为恶劣。同时空间变形，使得阵元位置发生较大改变，进而影响天线的电性能。另外，卫星在微重力和高真空环境中热量的传递更困难。较大的温度梯度会对卫星产生很多不利的影响。例如，元器件的温度太高将影响自身的工作，甚至造成元器件损坏。因此，找出机、电、热三者之间的耦合机理是进行天线热设计的基础。

由于星载环境的特殊性，天线无法使用空气、水等方式散热，同时卫星系统功耗的快速增加以及器件的微小型化、空间碎片和微流星撞击等对热控系统都提出了新的要求。为了最大限度地降低卫星天线阵面的温度梯度，星载可展开有源相控阵天线的热控系统采用了热控技术。热控技术主要有空间热管辐射器技术、温控涂层技术、隔热包裹技术、低温工况时的加热温度补偿技术和MEMS 技术等。下面分类加以说明。

1）空间热管辐射器技术

向地球或深空辐射散热的空间热管辐射器（见图 6.39）须具有独特的轻质、高传热、高精度和高可靠性等特点。

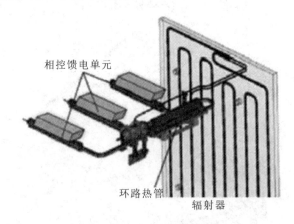

相控馈电单元

环路热管

辐射器

图 6.39　空间热管辐射器

从 20 世纪 90 年代开始，NASA 针对空间热管辐射器进行了多个专项研究，除了传统铝/氨翅式热管辐射器，先后研发了多种新型热管辐射器，包括单槽道热管辐射器、轻质可控热管辐射器、高温热管辐射器以及用于卫星精密热控的热二极管辐射器等。另外，Babakin（俄罗斯）和 Alenia（美国）联合研制了高性能的槽道热管，截面见图 6.40，槽道为 Ω 形，在尺寸不变的情况下传热能力提高了 50％以上。美国 Swales 宇航公司设计了功率为 1250 W 的可展开式热管辐射器，可在−60～60℃内顺利启动并工作，当该热管辐射器散热 1500 W 时，蒸发器集热板温度不超过 36℃，总重约为 25.9 kg，同时辐射板上设置了防冻加热回路，以保证在低温工况时温度保持在−65℃以上。美国的 ACT（Advanced Cooling Technologies）公司设计了一款水/钛热管高温辐射器，并通过了 550 K 温度测试。法国的 Alcatel 公司最初研制了矩形槽道热管（见图 6.41），2004 年后成功研制了新型槽道热管(见图 6.42),热管的传热能力提高了一倍以上,可适应 150～600 W 的热量变化要求,最大热负荷下(600 W)热源温度不超过 85℃, 质量小于 13 kg。新型热管辐射器结构的改善和创新提高了辐射器的适应性和 传热性能。

图 6.40　Ω 形槽道热管截面

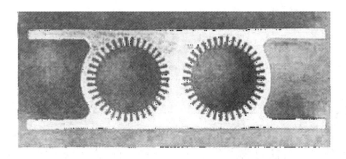

图 6.41　Alcatel 公司研制的矩形槽道热管截面

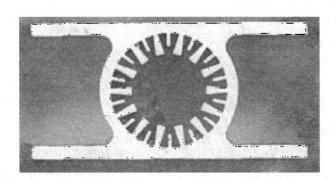

图 6.42　Alcatel 公司研制的新型热管截面

2) 涂层、包裹和温度补偿技术

温控涂层技术和隔热包裹技术均是天线热设计的常用技术。如加拿大的 RADARSAT-2 卫星通过对天线的阵面、背面及侧面进行隔热包裹,最大限度地减少了外部不稳定热流的影响。低温工况时，除了采用隔热包裹技术，加热温度补偿技术同样是一种有效措施。如欧空局的 ENVISAT 卫星 ASAR 天线采用薄膜加热的方式进行温度补偿，以防止天线温度过低。

3）MEMS 技术

MEMS 技术的发展为解决星载可展开有源相控阵天线系统高热流密度、小尺寸散热问题提供了新思路。利用 MEMS 技术研制的星载轻型、微型 T/R 组件移相器开关，具有尺寸小、隔离度好、插入损耗低、工作频带宽、加工成本低以及易于与 IC 集成等优点，不仅很好地弥补了传统移相器的不足，而且降低了控制电路的耗能，有效地减少了天线的热流密度。另外，通过 MEMS 加工技术可将整个热控系统加工或安装在线路板上，从而实现基于 MEMS 的微型热控系统的集成。与传统的机电系统相比，MEMS 技术将信息系统的微型化、多功能化、智能化和可靠性水平提高到了一个新的高度，在星载领域得到了越来越广泛的应用。

6.7　共形天线

共形天线是一种能与载体平台外形保持一致的天线或天线阵。载体平台可以是飞机、高速列车或其他平台上的某些部位等。在现代军事防御系统中，对共形天线的额外要求是，当天线被敌方雷达发射机发射的微波照射时不产生后向散射（即天线具有隐身特性）。

共形天线通常是圆柱状、球状或其他形状，天线辐射单元被安装或集成到光滑的弯曲表面上。当然，共形天线也存在多种变体，例如由若干个平面拼接而成的近似光滑表面，可简化辐射器及有源、无源馈电装置的组装。

1. 阵列形状

共形天线的形状通常是依据载体平台的外形制订的，实际情况中，可以进行适当优化设计。例如，用于战斗机上的鼻式阵列天线，理想状态下其形状应该和相当尖锐的战斗机鼻端/天线罩形状保持一致。鉴于限制空间非常接近天线罩尖端，优化方法是考虑使用全椭圆形状，并增加一个"天线罩帽子"，以使该组合获得期望的流线型。

在共形天线范畴中也包含基于辐射方向图或覆盖范围等因素的形状设计。

满足宽角覆盖指标的一般形状是圆柱形,如图 6.43 所示是呈 U 型柱面分布的共形天线,其可以看作是彼此层叠的多个圆环阵列组合而成。实际上,圆环阵列是所有旋转对称阵列的基本单元。从结构原理上来说,可以将柱状阵列看作是一种把相同设计的环阵结合起来的构建技术。

图 6.43　ERAKO 天线实物模型

2. 单元分布

为了抑制栅瓣,单元密度必须足够大(近似为半波长间距)且单元均匀分布于表面上。在平面阵列中,三角形网格通常优于矩形网格,因为矩形网格只能用于少数规则形状(如圆柱体)中。

比较尖锐的圆锥上(小圆锥半角在 $10°\sim15°$ 之间)的单元可以准矩形样式分布,即在每个圆环上具有相等的单元数,这些单元靠近圆锥基底部分。比较钝的圆锥尖端区域的单元布局如图 6.44 所示,其外观看起来是均匀分布的。

图 6.44　圆锥共形天线单元

3. 多平面设计

只要分段平面化的面足够小，多个分段平面就能很好地被近似为平滑的曲面阵列。和曲面结构相比，分段平面化对射频前端中的多层结构及 MMIC（单片微波集成电路）设计非常有益，而且分段平面化相比于曲面结构设计更易于实现。然而，多平面天线并不总能满足期望的设计指标。考虑电磁分析和机械设计，多平面天线设计中最难的是面间衔接处的设计。

4. 瓦片结构技术

瓦片结构技术可以使共形阵列天线实现小型化，即在每个瓦片上可以集成具有一个或者多个辐射单元的平面模块及相关电子设备。既可以将多个平面的瓦片叠放在一起形成多平面阵列来构建近似期望形状的共形阵列，也可以使用合适的材料和恰当的处理工艺来构建真实的曲面阵列。还有一种方法是先形成与期望形状一致的基板层，再在木质模具中真空成型制作球形阵列等共形阵列形式。

5. 多层结构设计

集成于载体平台上的共形天线兼具力学承载和电磁辐射功能，这增加了共形天线机械设计难度。如集成于飞机平台的共形天线需承受各种机械应力，包括雨蚀、鸟冲击力、雷电电击等。可行的设计方案是采用多层介质，每层都提供抗扰和腐蚀保护以及相应的电气功能等。

6.8 天线罩

复杂的服役环境会严重影响天线的电性能，为了减小环境载荷的影响和提高天线的服役性能，无论是反射面天线还是相控阵天线都可以配置天线罩。天线罩是为了保护天线免受自然环境影响而给天线建造的外壳，它是由天然或人造电介质材料制成的覆盖物，或是由桁架支撑的电介质壳体构成的特殊形状的电磁窗口。用于雷达天线的天线罩又称为雷达罩，供微波塔楼、微波中继站、保护通信天线及微波设备电磁窗口用的天线罩又称为微波透波墙，用于天线馈源和相位校正透镜的天线罩又称为馈源罩。上述雷达罩、微波透波墙和馈源罩都是在透过电磁波的情况下使用的，可统称为天线罩。

天线罩是雷达系统的重要组成部分，被称为雷达系统的"电磁窗口"。天线罩对改善雷达特别是雷达天线馈线伺服系统的使用环境，延长雷达系统的使用寿命，提高其工作可靠性等有积极的作用。以飞行器的雷达系统为例，相应的天线罩位于飞行器的头部，其形状多为锥形，也有半球形的，具有导流、防热、透波、承载等多种功能。天线罩既是寻的制导武器弹头结构的重要组成部分，又是保护天线系统不受高速飞行造成的恶劣气动环境影响、正常进行信号传输工作的屏障。天线罩材料的性能会直接影响导弹的寻的和生存能力。天线罩材料技术是高速精确制导航天武器的基础，是发展末制导中程导弹、高超声速地空导弹、反辐射导弹和巡航导弹不可缺少的关键技术之一，它直接制约着先进型号航天武器的发展。在一些高寒地区、戈壁沙漠、海岛、特殊气候地理条件下，天线罩更是不可缺少的。一些测量精度要求很高的雷达，如大型多目标相控阵测量雷达、毫米波相控阵测量雷达和精密跟踪测量雷达等，为了确保天线结构不受风力和阳光照射引起的变形所带来的精度下降，都要求配备天线罩，这对天线罩提出了电波折射率均匀性要好的要求。雷达性能的提高对天线罩提出了更高的要求，例如，雷达天线波束的低/超低副瓣性能对天线罩提出的突出要求是不能因为加装了天线罩而使副瓣电平抬高过大，这给天线罩的设计、材料选择和加工工艺以及测试方法带来了挑战。

6.8.1　天线罩的发展

天线罩是随着微波天线的发展而发展起来的。在第二次世界大战前后，由于形势的需要，雷达天线的发展突飞猛进，雷达工作的波长日益变短，精度要求越来越高，于是保护天线用的天线罩应运而生。最先出现的天线罩为飞机上用的流线型罩，而第一部地面天线罩则是由美国康奈尔（Cornell）大学航空实验室于 1946 年研制的。这部直径为 16.8 m 的充气式天线罩于 1948 年安装在美国纽约西部的商港布法罗。到 1955 年已有数百个这样的天线罩在美国陆军服役。为了克服充气式天线罩结构上的不足，使之适应更恶劣的环境，1954 年美国林肯实验室研制出直径为 9.5 m 的 3/4 截球体增强塑料刚性天线罩，并于 1955 年完成了金属空间骨架天线罩的电信试验，使刚性天线罩的发展向前跨了一大步。当时最大的天线罩 Haystack 就采用了金属空间骨架的结构形式，直径达到了 47.75 m。由于新材料的不断涌现，工艺水平的提高，同时高性能雷达对天线罩不断提出新的要求，天线罩的研制开始向高性能方向发展。以 ESSCO 公司为代表的一些天线罩生产厂家已经完成了许多高性能天线罩的研制工作。同时，在先进的伺服系统支持下，采用 RAYDEL 蒙皮材料的充气式天线罩大大提高了天线罩的电气性能，成为大型高性能雷达的选择之一。

我国天线罩的发展起步于 20 世纪 50 年代，当时在苏联专家的帮助下，开始制造飞机用的机头罩。20 世纪 60 年代，我国开始地面雷达天线罩的研制工作，最早采用的是充气式罩的形式，后因结构和密封性不好等原因而弃用。由于国防建设的需要，我国将地面雷达天线罩的研制列为"六五"攻关项目，哈尔滨、北京和上海三家玻璃钢研究所分别进行不同型号天线罩的研制工作。1965 年到 1972 年，南京十四所、上海玻璃钢研究所和上海耀华玻璃厂合作，研制出了直径为 44 m 的天线罩，该天线罩采用蜂窝夹层结构，是我国早期较为成功的地面雷达天线罩之一。从 1975 年起，哈尔滨玻璃钢研究所以介质空间骨架薄壁罩和金属空间骨架罩为研究方向，上海玻璃钢研究所以蜂窝夹层天线罩为研究方向，生产了直径从 3 m 到 28 m 的天线罩。随着研制的深入，逐渐形成了哈尔滨玻璃钢研究所和上海玻璃钢研究所两大地面雷达天线罩研制基地。20 世纪 90 年代后期，我国高性能雷达的相继问世，对高性能天线罩的需求甚为迫切，尤其是对天线的低副瓣性能影响较小的天线罩。在这期间，哈尔滨玻璃钢研究所在高性能天线罩的研制方面取得了很大的进展，相继推出了 C 波段高性能天线罩、P/L 波段高性能天线罩和 S 波段高性能天线罩。

6.8.2　天线罩的分类

按使用场合的不同，天线罩可分为航空型天线罩、地面固定型天线罩和地面移动型(如舰载)天线罩三大类。航空型天线罩在尺寸和外形方面变化很大，从小的平板外形到高度流线形都有；地面固定型或地面移动型天线罩一般是半球形的，直径较大。

按工作频率的不同，天线罩可分为低频天线罩(工作频率不大于 2.0 GHz)、窄带天线罩(相对带宽小于 10%)、多频段天线罩(可以在两个或两个以上窄带频段内工作)、宽带天线罩(工作带宽介于 0.1007～0.667 GHz 之间)和超宽带天线罩(工作带宽大于 0.667 GHz)。

按罩壁横断面结构的不同，天线罩可分为以下几类：① 半波长单层壁结构，壁厚是波长的一半；② 单层薄壁结构，壁厚小于工作波长的 0.1 倍；③ ①的夹层结构，由三层介质组成，外表是两个比较致密的表皮，中间是较厚的低密度芯子，表皮的介电常数比芯子高；④ 多夹层结构，由五层或五层以上介质层组成，通常奇数层的密度比偶数层的密度大，表层的介电常数比里层的介电常数大。一般来说，随着层数的增加，天线罩的频带宽度会有所改善，常用的是五层结构。

6.8.3　天线罩材料

根据不同的使用环境,天线罩材料的耐温要求在 500~2400℃ 不等。除耐高温性能外,对天线罩材料的基本要求还包括:

(1) 透波性能。一般情况下,制作雷达天线罩的微波透波材料的波长范围为 1~1000 mm,即频率在 0.3~300 GHz 范围内,电磁波的单向透过率大于 70%。

(2) 稳定的高温介电性能。天线罩材料要具有低的介电常数($\varepsilon < 10$)和损耗角正切值($\tan\delta < 10^{-2}$)。在微波频率范围内,透波材料比较合适的 ε 值为 1~4,$\tan\delta$ 则为 10^{1}~10^{-3} 数量级,并且这种材料的 ε 不随温度、频率有明显的变化(如温升 100℃,ε 变化小于 1%),以保证在气动加热条件下尽可能不失真地透过电磁波。

(3) 低的热膨胀系数。高速航天器的表面温度一般与其飞行速度的平方成正比,某些导弹进入大气层时的热变化率在 540~820℃/s 范围内,瞬时的急剧温升使罩壁内存在相当大的温度梯度,从而产生很大的热应力,如果天线罩材料的热膨胀系数过高,则天线罩会发生变形或被损毁。

(4) 抗粒子云侵蚀。航天器飞行时会受到粒子云撞击,使天线罩表面变得粗糙不平。这一方面会影响天线罩的结构性能,使气动加热更为严重;另一方面,还会改变天线罩的壁厚分布,从而影响其电气性能,加大瞄准误差。对于高速飞行的航天器,粒子云侵蚀问题更为严重,所以,天线罩材料须具有抗粒子云侵蚀能力。

每一种材料既有其优点,也有其不足。与纤维增强树脂基复合材料相比,陶瓷材料具有耐高温、宏观均质、强度高等优点,但陶瓷材料的最大缺点是高脆性导致其抗冲击能力差,加工成型性能差,这些缺点严重影响了陶瓷材料的应用。纤维增强树脂基复合材料的价格低廉,不到陶瓷材料的十分之一,但由于树脂的耐热性能差,限制了它的应用。近年来人们对耐高温树脂及非碳化烧蚀材料的认识水平逐步提高,为树脂基复合材料在天线罩制造领域的应用注入了强大的活力,新型材料的研究也是雷达天线罩的重要发展方向。

6.8.4　天线罩的设计

天线罩设计的主要步骤如下:

(1) 雷达天线工程师根据天线回转直径及性能,提出天线罩直径、截球大小及电气性能的要求。天线罩设计工程师由此确定天线罩的材料，天线罩是薄壁的还是夹层的，其壁厚也可确定，但不是唯一的，要视具体情况而定。

（2）雷达用户提出天线罩抗风极限要求及架设地的气象条件，天线罩设计工程师由此确定最不利的载荷组合。

（3）结构工程师根据已确定的天线罩的尺寸及最大载荷进行板块划分（有时电气工程师根据电气设计需要先对板块进行划分），开展板块的连接设计，计算板块的内力，进行强度校核，同时，也需要进行局部失稳和整体稳定性校核。

第 7 章　面天线机电耦合分析软件设计

　　传统面天线设计的流程遵循如下模式：经验设计—样机生产—性能测试。一旦性能测试不能通过，就必须进行结构修改或者采用补偿技术，甚至可能需要按照设计流程重新开始，这样做的代价是冗长的设计周期和高昂的设计成本。传统面天线设计的主要问题是：① 在各个设计阶段，设计人员不能实时掌握天线的机械性能和电性能；② 结构精度有时要求过高，增加了结构设计和制造的难度与成本；③ 只注意单个零部件的设计精度，忽视了整机系统精度。在实际工程中，为了解决上述问题，需要开发面天线机电耦合分析软件。利用面天线机电耦合分析软件可进行有限元模型的快速建立以及准确的有限元分析和机电耦合性能分析，从而得到正确、可靠的天线机械性能与电性能评价结果。本章将简要介绍面天线机电耦合分析软件设计过程。

7.1　天线结构参数化设计

7.1.1　天线结构参数化设计数据流程

　　天线结构参数化设计数据流程如图 7.1 所示。首先，结构设计人员输入必要的工程参数，天线结构参数化设计系统根据从工程中获取的设计规律将参数模型转化为结构模型；然后，天线结构参数化设计系统根据面天线结构装配规则确定各零部件的参数值及装配关系，并输出为统一的装配模型；最后，几何模型生成程序将装配模型转换为实体模型。

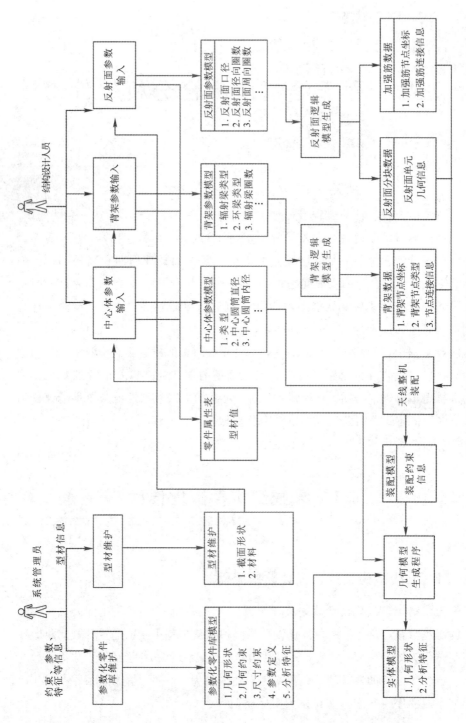

图7. 1 天线结构参数化设计数据流程

该设计系统具有以下特点：

（1）稳定性好。该设计系统以商品化 CAD 软件为基础平台进行二次开发，充分利用了商品化 CAD 软件成熟的零件级参数化功能，系统的稳定性好。

（2）可移植性好。该设计系统在模块设计时充分考虑到了向不同的商品化 CAD 软件的移植性问题。如图 7.1 所示，只有参数化零件库维护模块和几何模型生成模块与商品化 CAD 软件相关，故只需重写这两个模块即可完成系统的移植。

（3）可扩充性好。系统管理员可以通过修改、扩充参数化零件库维护模块扩大系统的应用范围，例如可以增加新的背架型材、中心体结构等。

7.1.2　天线结构参数化建模

参数化建模是实现快速数字化建模的主要技术之一。以往的参数化技术研究集中在零件模型的建立上，其参数化的对象是零件，用户虽然可以方便地修改零件模型，但是产品数字化模型的建立，包括零件的构造、装配、组合等，仍是非常复杂而又烦琐的工作。

面天线结构参数化技术以面天线结构为对象，针对面天线结构的特点，通过抽象与分析，提取出控制该类产品的参数。用户通过这些参数可以方便、快捷地创建和修改天线结构模型。此项技术大大提高了面天线结构数字化建模的效率，缩短了建模时间。

图 7.2 是面天线结构整机参数化系统的逻辑模型。由图可知，该系统分为 5 个逻辑层次，即参数层、装配层、基础层、接口层和扩展层。

（1）参数层：面向最终用户，用户通过一组参数可以方便、快捷地创建和修改面天线结构的数字化模型。

（2）装配层：负责将参数层生成的面天线结构参数（逻辑模型）转化为该结构的装配模型。装配 API 是一组装配原语，用于设置零部件参数，实现装配约束等功能。背架装配、反射面装配、中心体装配等模块通过调用装配 API 实现面天线零部件的装配。

（3）基础层：完成产品三维模型的生成、存储、显示、拾取、修改等通用功能，一般直接选用商品化 CAD 软件，如 UG、Pro/E、I-DEAS 等。

（4）接口层：负责将装配层的装配信息输出为基础层软件系统可以接受的

三维实体模型。

(5)扩展层：允许用户修改产品概念模型、构型库和零件库，从而在系统主框架不变的情况下扩充系统的适用范围。

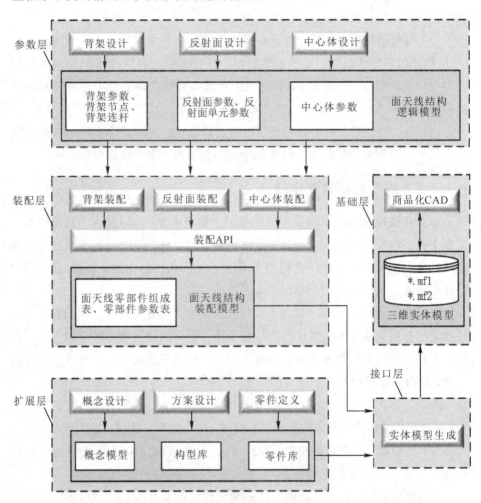

图 7.2　面天线结构参数化系统的逻辑模型

应用面天线结构参数化技术，可以极大提高面天线结构数字化建模效率。用传统方式建立如图 7.3 所示面天线结构模型一般需要 3 至 4 天，而应用天线结构参数化技术可快速实现模型的建立。

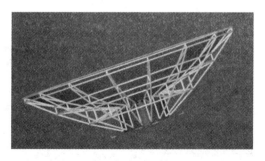

(a) 7.3 m圆抛物面天线结构几何模型

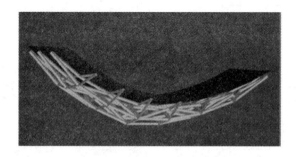

(b) 16 m切割抛物面天线结构几何模型

图 7.3　面天线结构参数化技术的工程应用

7.1.3　天线结构 CAD /CAE 建模

天线结构 CAD/CAE 建模技术是一种快速建立天线结构有限元网格模型的技术。该技术针对面天线结构的特点,在商品化 CAE 软件的基础上实现 CAD/CAE 的集成建模。应用该技术,用户可以将 CAD 模型直接导入 CAE 软件中,快速生成合理的有限元网格模型。

如图 7.4 所示,面天线结构 CAD/CAE 建模技术的基本思想如下:

(1)设计者在建立参数化零件模型时,根据专家经验将分析特征预先定义到参数化零件模型中,并使分析特征能够随 CAD 模型的变化而变化,当参数化程序生成产品的几何模型时,会同时自动生成该模型的分析特征模型。

(2)产品的 CAD 模型建立后,由程序从 CAD 模型中依次读入几何信息和分析特征并转化为 CAE 环境下相应的几何模型。

(3)应用 CAE 软件的自动网格划分功能依次生成按特征网格划分的有限元网格模型,然后将各特征网格进行网格合并,生成产品整体的有限元网格模型。

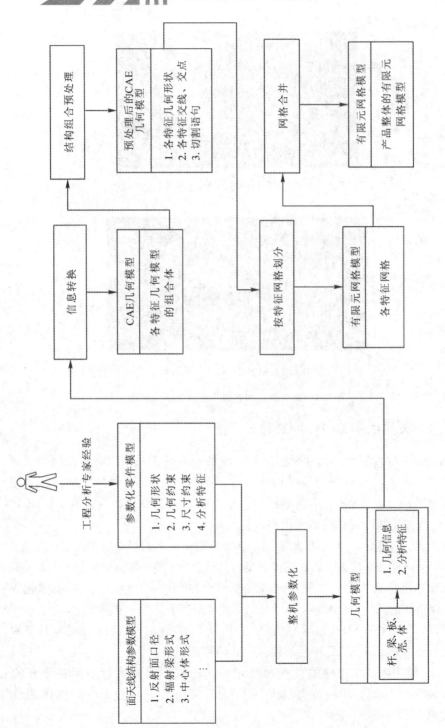

图7.4 面天线结构CAD/CAE建模技术的基本思想

图 7.5 所示是应用 CAD/CAE 建模技术生成的 C/Ku 波段 7.3 m 口径圆抛物面天线和 C/Ku 波段 16 m 口径圆抛物面天线的有限元网格模型。工程设计人员采用手工建模方式进行一次天线结构建模所用的时间远远大于采用 CAD/CAE 建模技术进行建模所用的时间。

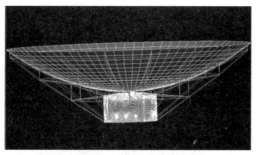

(a) 7.3 m 天线的有限元网格模型

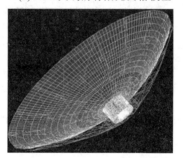

(b) 16 m 天线的有限元网格模型

图 7.5　应用 CAD/CAE 建模技术建立的面天线的有限元网格模型

7.2　天线结构优化设计

7.2.1　天线结构优化设计数据流程

通过天线结构参数化设计可以获取天线结构参数化模型,而结构参数的最优值需要通过天线结构优化实现。天线结构优化设计数据流程如图 7.6 所示。首先,根据天线单元相关信息文件、框架结构信息文件、节点相关信息文件和材料相关信息文件建立天线结构优化模型,该优化模型包含三个方面:归并变

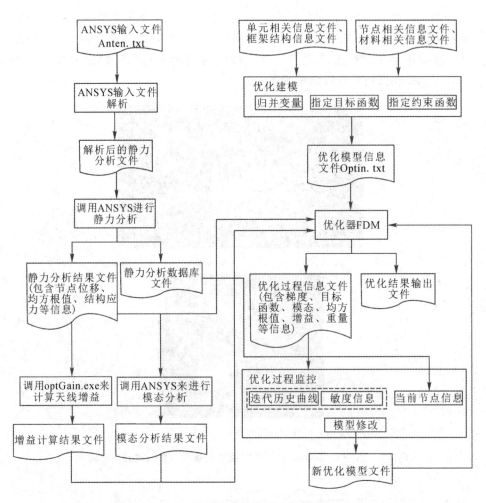

图 7.6 天线结构优化设计数据流程

量，指定目标函数，指定约束函数；然后，生成优化模型信息文件 Optin. txt，并输入到优化器 FDM 中进行天线结构优化。天线结构优化过程中，优化器 FDM 需要不断调用天线静力分析结果数据和机电性能分析结果数据。生成该数据的主要流程如下：

① 建立天线参数化命令流文件 Anten. txt，将其作为 ANSYS 输入文件；

② 通过文件解析和调用 ANSYS 来进行静力分析，得到天线静力分析结果文件并存入数据库；

③ 根据天线静力分析结果数据调用 optGain. exe 来计算天线增益，将增益计算结果存入增益计算结果文件中，同时，调用 ANSYS 来进行模态分析，得到天

线结构模态分析结果文件;

④ 将天线静力分析结果文件、增益计算结果文件、模态分析结果文件输入优化器 FDM 中。

在每轮迭代完成后,优化器将优化过程信息文件(包含梯度、目标函数、模态、均方根值、增益、重量等信息)以文本的方式传递给优化过程监控模块,优化过程监控模块再将这些信息以可视化的方式提供给用户,以便用户及时掌握优化进程。若用户需要对优化模型进行修改,则可暂停优化计算。修改模型后要将新的模型信息反馈给优化器,并重新启动优化进程。

7.2.2　优化可视化设计

结构优化建模时,需建立设计变量与有限元模型间的对应关系。大型复杂结构有限元模型包含成百上千个单元,采用人工方式建立这种对应关系无疑十分烦琐。同时,考虑到天线的工艺性和经济性等因素,往往需要对设计变量进行归并,这使得优化建模进一步复杂化。天线结构优化建模的复杂性阻碍了优化设计理论的工程实用化。

利用面天线的优化可视化技术可以为用户搭建一个易学、易用、集成的可视化建模平台,在商品化 CAD、CAE 软件基础上实现 CAD/CAE 的集成建模。用户可以直接在天线的三维几何模型(CAD 模型)上交互地完成设计变量的归并,并方便地指定目标函数和约束函数,而设计变量与有限元模型之间的对应关系以及寻优算法对分析软件的调用等功能由软件自动完成,这大大提高了优化建模效率。

天线的数字化建模和机电耦合分析完成之后,程序自动产生天线的几何模型信息和有限元模型信息文件。可视化建模模块利用这些信息并调用 I-DEAS 软件,在界面上显示出天线结构的三维几何模型,使得用户可以在三维几何模型上完成对象选取和变量归并等。软件自动将所选取的变量与有限元模型信息对应起来,从而实现了 CAD/CAE 的集成建模。此外,软件提供的变量归并功能还考虑了天线结构的对称性,用户可以对天线背架结构的单个扇面进行设计变量的指定,再按对称性将其应用于整个背架结构,从而完成背架结构的变量归并。这与工程实际中常用的做法是吻合的。

图 7.7 所示为某 7.3 m 天线背架结构的优化建模主界面。该背架结构共有 304 根梁,若靠手工进行变量归并,并建立设计变量与结构有限元模型之间的

对应关系，整个过程非常耗时，若再将寻优算法与有限元软件进行集成，又需更长时间。而应用优化可视化技术可快速实现建模，建模完成后即可进行优化，寻优算法会自动完成对有限元软件的调用。

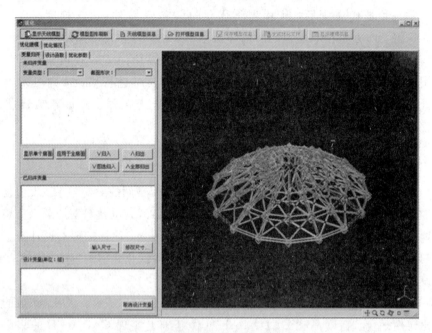

图 7.7　天线背架结构的优化建模主界面

7.2.3　优化过程监控

结构优化计算过程中不能进行交互处理，用户无法及时了解优化计算过程中的相关信息以判别优化模型是否合理，只能被动地等待计算结果的输出。

优化过程监控采用可视化方法实现，即将优化计算过程中的数据以图表方式直观显示给用户。用户根据这些信息，可以随时暂停优化进程，对优化模型进行调整，如冻结某些不敏感的设计变量、更改某些设计变量取值等。模型调整后，可继续优化计算过程。另外，用户还可以观察到当前设计点的应力云图、位移云图及方向图等天线主要性能指标的图形化信息，以便在获得满意的设计方案时及时中止优化进程。

每一次迭代完成后，优化计算模块将当前设计点的设计变量值、约束函数值、敏度值、有限元分析结果等信息传递给优化过程监控模块，优化过程监控模块将这些信息以图形化方式显示出来。结构优化的设计空间维数较高，为了用二维图形直观地显示设计过程中的敏度信息和约束函数的状态信息，可采用基于平行坐标系的多维可视化方法。平行坐标系为每个变量分配一条纵向线，每条纵向线上的点都可代表一维的显示空间。将每个可视化变量都画到各自所属的纵向轴上，邻近坐标轴上的变量值通过直线依次连接。这样，一个 N 维空间的点就成为一条穿越 N 个平行轴的连接 N 个值的 $N-1$ 条线段组成的多边线。

此外，用户暂停优化进程后，软件可以调用 ANSYS 绘制出当前设计点对应的应力云图和变形云图，还可以显示当前设计变量的取值，用户通过修改这些取值或冻结那些不敏感的设计变量可降低优化规模。

图 7.8 所示为某 16 m 天线结构优化的过程监控界面，左边两个图形窗口分别显示反射面精度和结构重量的迭代历史曲线，右边图形窗口则以平行坐标系的方式显示当前设计点对应的敏度信息和敏度历史信息。敏度信息（右上）中每条纵向线表示一个设计变量，每条曲线表示一个设计函数，曲线与纵向线的交点则表示该设计函数对相应设计变量的敏度大小。

暂停优化后，可查看当前点信息。图 7.9 所示为当前点信息界面。在这个界面中，用户可观察到当前设计点对应的应力云图、位移云图、约束函数信息和设计变量信息等。"约束函数信息"查看栏中的每条纵向线表示一个设计约束；左边的颜色条中，绿色表示约束满足（<0），红色表示约束违反（>0），黄色表示约束处于临界状态（=0），用户可方便地观察到每个约束的满足状况。

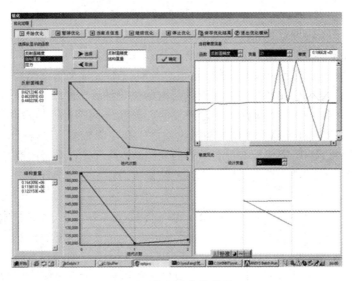

图 7.8　优化过程监控界面

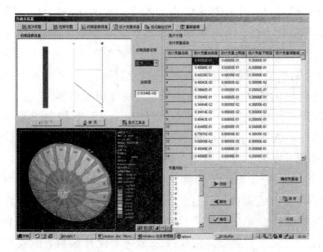

图 7.9　当前点信息界面

7.3　异构软件集成

　　天线结构参数化设计与优化设计系统通常是在 CAD 和 CAE 商品化软件的基础上开发的，因此软件之间的集成非常重要。如果按照一般的二次开发方法，用户需要在多个应用程序之间不断地进行切换才能完成设计任务，即用户必须进入 CAD 完成面天线结构三维模型的生成，进入 CAE 完成面天线结构力学性能的计算和显示，进入优化环境完成面天线结构的优化设计。显然，这样的工作方式很难令用户满意。为此，研究人员以开发的面天线结构综合设计平台为主界面，将 CAD、CAE 软件界面分别作为功能模块嵌入在主界面中。综合设计平台控制整个作业流程，当需要采用商品化软件的功能时，综合设计平台向商品化软件发出指令，商品化软件在后台完成操作并将结果显示在集成的界面中。

　　以 I-DEAS 软件和 ANSYS 软件为例，由于 I-DEAS、ANSYS 等软件是从 UNIX 平台移植到 Windows 平台中的，都不支持 Windows 的 OLE 技术，因此无法用 OLE 技术实现窗口的嵌入。必须用 Windows 底层技术解决问题。解决的基本方案如图 7.10 所示：监控程序不断获取来自 Windows 的消息，如果主控窗口发生变化，则立刻进行窗口调整处理。窗口调整的基本过程包括：① 切割主控窗口的显示区域，使主控窗口的 I-DEAS(或 ANSYS)显示区域变为透明；② 调节 I-DEAS(或 ANSYS)窗口的位置和尺寸，使其刚好填补主控窗口的透明区域。

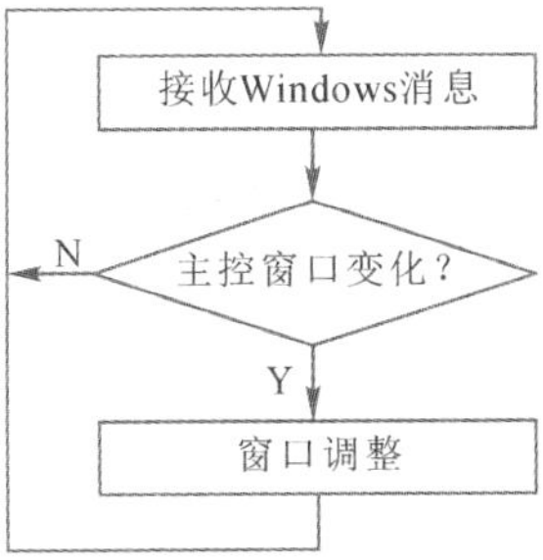

```
┌─────────────────────┐
│    接收Windows消息    │
└──────────┬──────────┘
           │
    ◇──────▼──────◇
N ◀─◇   主控窗口变化？   ◇
    ◇─────────────◇
           │Y
┌──────────▼──────────┐
│       窗口调整        │
└─────────────────────┘
```

图 7.10　I-DEAS、ANSYS 界面集成的基本思想

　　应用上述技术方案，可实现类似 OLE 的系统集成效果。如图 7.11 和图 7.12 所示，用户看到的是 I-DEAS 和 ANSYS 的显示窗口。

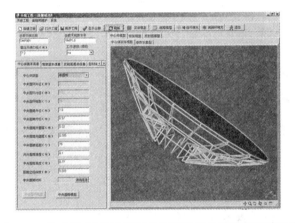

图 7.11　集成了 I-DEAS 窗口的面天线结构参数化建模模块

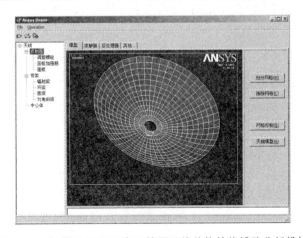

图 7.12　集成了 ANSYS 窗口的面天线结构性能辅助分析模块

7.4 面天线机电耦合分析软件设计与应用

7.4.1 面天线机电耦合分析软件设计

1. 模块构成

当完成面天线结构参数化设计和通过天线结构优化设计确定最优参数之后，即可开展面天线机电耦合分析。如图7.13所示，面天线机电耦合分析软件主要由以下三个模块构成。

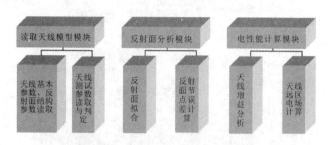

图7.13 面天线机电耦合分析软件的组成模块

1）读取天线模型模块

读取天线模型模块主要包括天线模型数据（天线基本参数、反射面结构参数）读取、用户输入参数（天线测试参数）读取与判定，其目的是建立分析对象的数学模型。天线基本参数包括天线的口径、焦距、反射面顶点坐标、方位角与俯仰角等；反射面结构参数是指天线反射面节点的设计坐标与在外载荷下的位移；天线测试参数包括天线的工作频率或波长、口径场边缘电平、口径场分布参数、馈源方向函数等。

2）反射面分析模块

反射面分析模块主要包括反射面拟合、反射面节点误差计算两个子模块。反射面拟合模块基于天线变形反射面的实际形状拟合天线反射面，得到天线变形反射面的近似方程，从而计算反射面的节点法向误差，分析反射面的表面精度。

3）电性能计算模块

电性能计算模块主要包括天线增益分析、天线远区电场计算两个子模块。天线增益分析模块基于天线变形反射面的节点误差，分析并计算天线的增益损失与增益；天线远区电场计算模块根据天线口径电场分布，计算天线远区电场分布，从而得到天线辐射方向图，同时分析天线副瓣电平信息、半功率波瓣宽度等。

2. 数据流程

面天线机电耦合分析软件的数据流程如图 7.14 所示，主要步骤如下：

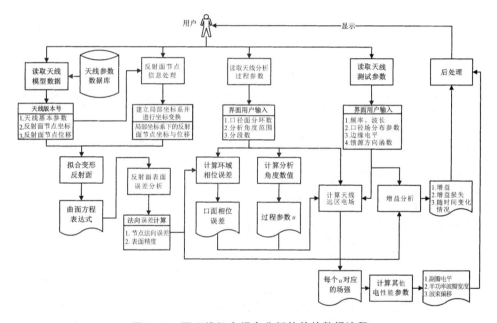

图 7.14　面天线机电耦合分析软件的数据流程

第一步：读取天线模型数据，得到天线基本参数和反射面节点坐标与位移。

第二步：进入反射面节点信息处理模块，建立局部坐标系并进行坐标变换。

第三步：进行变形反射面拟合，分析变形反射面上的节点法向误差。

第四步：进行天线电性能分析计算。先由用户输入电性能分析计算所需要的频率、波长、口径场分布参数、边缘电平、馈源方向函数，然后由天线反射面的表面精度计算天线增益，再基于节点法向误差计算口面相位误差，最后计算天线远区电场与其他电性能参数。

第五步：进行后处理。通过软件界面绘制天线方向图，输出主要的电性能参数信息，同时增加用户交互操作设计。

3. 工作流程

基于数据流程设计思想，面天线机电耦合分析软件的工作流程如图 7.15 所示。

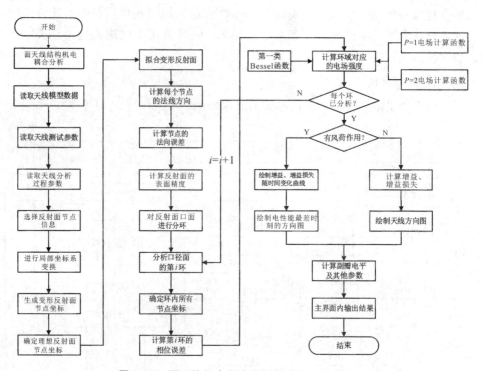

图 7.15　面天线机电耦合分析软件的工作流程

4. 功能设计

面天线机电耦合分析系统功能设计的主要思想是：根据面天线机电耦合分析模型，基于天线反射面变形信息，计算出当前设计与工作条件下的天线电性能，判断当前天线结构设计是否合理，提出修改指导意见。用户只要具有一定的天线电磁设计知识便可选定工作参数。电磁分析模块自动读取有限元分析结果文件，并运行后台 Delphi 核心算法程序，计算天线增益，给出天线方向图以及其他电性能。

面天线有限元分析是实现面天线机电耦合分析的基础。在得到天线有限元模型后，对变形反射面进行分析与拟合，得到天线位移场，进而分析变形反射面的节点误差。变形反射面分析模型把天线口面分成若干个环域，同时假设每个环域的误差与其他环域的误差相互独立，且节点变形后位置的法线方向余弦近似等于原设计抛物面上相应节点位置的法线方向余弦。馈源选常用的接近于圆对称的馈源,用来确定天线在最大辐射方向上的增益。口径场分析参数由工程师选定。用户对天线电性能的分析结果进行判断,决定是否改变天线结构,重新进行天线有限元建模,或者进入天线结构优化设计模块。

具体地,功能设计要实现以下主要功能:

(1) 选择天线版本号,读取天线模型数据。

(2) 输入天线的工作频率(或波长)、口径场边缘电平(其数值必须小于或等于 0)、口径场分布参数(其数值只能为 1 或 2)等其他测试参数。

(3) 输入馈源方向函数指数与极化方向等其他馈源参数。

(4) 输入天线的口径面分环数,其数值必须是整数,范围在 30~70 之间。

(5) 输入分析角度的范围,选择分析角度的划分段数(划分段数愈大,方向图理论计算愈精确,但会增加计算时间)。

(6) 判断用户是否输入全部参数,以及参数是否正确(输入参数的类型、格式、数值大小),如用户没有输入所需的全部参数,则系统自动给出提示信息,提醒用户输入要求参数,然后开始分析天线电性能。

(7) 分析计算过程中,给出相应的错误出现信息提示或操作信息提示等,并给出相应的解决方法提示。

(8) 显示天线辐射方向图的分析结果,并能以图片格式保存当前的天线方向图。

(9) 显示天线轴向增益分析结果,同时能以图片格式保存风荷作用下的天线增益变化和增益损失变化曲线。

(10) 显示天线副瓣电平分析结果,选择下拉框中的数字来动态显示各副瓣的电平与位置信息。如天线辐射方向图中并没有某个副瓣信息,当选择显示此副瓣信息时,模块会给出相应的提示信息。

(11) 显示天线半功率波瓣宽度、波束偏移数值。

(12) 生成分析计算的结果信息文件,包含整个天线机电耦合分析的输入参数、反射面节点信息和计算结果信息。

5. 有限元分析

面天线有限元分析是机电耦合分析的前提。用户不必具备丰富的力学知识和有限元建模经验,也不必掌握有限元软件的操作技能,只需输入必要的模型分析参数,面天线有限元建模与分析模块就可以自动将几何模型划分为结构有限元网格模型,并对生成的有限元模型进行评价,给出天线结构机械性能的分析结果。天线结构的机械性能主要包括结构的固有频率和振型、结构的强度和刚度、反射面的表面精度等。通过查询预先建立的面天线零部件单元库,系统

自动为用户建立面天线零部件的有限元模型。系统读取用户界面内输入的天线
结构参数,查询数据库,确定反射面形状、骨架类型,自动生成中心体、辐射
梁、环梁、副梁、背架与反射面,生成天线结构的三维造型,并自动生成天线
整机的有限元模型。

　　建立天线有限元模型后,可对天线结构进行有限元分析。有限元分析主要
包含静态分析、模态分析、瞬态分析和温度分析等四个方面。模态分析用于确
定某一范围内的固有频率和振型,防止天线在使用和运输过程中由于共振而无
法工作或者遭到破坏。瞬态分析主要确定天线在连续随机激励和随机风荷作用
下的响应,分析天线刚度与强度是否满足要求。面天线结构有限元分析流程如
图 7.16 所示。

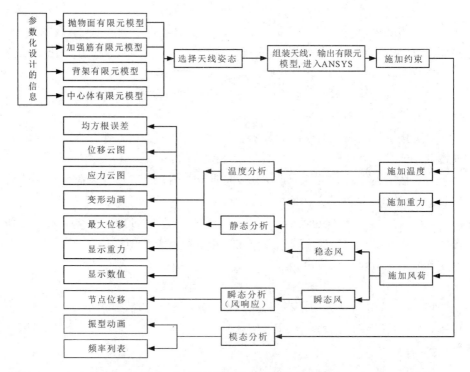

图 7.16　面天线结构有限元分析流程

　　有限元分析模块利用 ANSYS 软件的通用后处理器和时间历程后处理
器,结合 APDL 语言使天线结构在各种载荷下进行不同类型求解时都能得到
对应的数据结果,并为天线结构电性能计算模块提供天线数据信息,为评价
天线电性能提供依据;同时,采用可视化技术从大量的有限元计算结果中
提取出有价值的信息,以图形方式显示位移云图、应力云图、变形(振型)

动画等，并给出了最大应力、最大节点位移以及随机风振位移响应时间曲
线等。

为了实现对天线结构机电性能的综合分析，进行有限元分析时会生成三个
文本文件数据。第一个文件主要包含天线结构基本信息，如天线的口径、焦
距、方位角与俯仰角、顶点坐标等；第二个文件主要包含反射面节点设计坐
标；第三个文件主要包含结构变形后反射面节点位移(坐标都是在全局坐标系
下的坐标)。

6. 后处理

对远区辐射场强进行归一化处理，即给出天线归一化辐射方向图。面
天线机电耦合分析系统采用直角坐标方向图，它虽不如极坐标方向图直
观，但可精确表示强方向性天线的方向图。为便于了解天线辐射方向图的
局部信息，面天线机电耦合分析软件提供了方向图的交互操作，具体为：
在原始方向图上(见图 7.17(a))按住鼠标左键向右下方拉动，选择需要放
大的矩形区域，然后松开鼠标左键，所选择的矩形区域就会自动放大到整
个画布区域(见图 7.17(b))；按住鼠标右键不放，移动鼠标，实现图形的
整体移动；如需复原图形，按住鼠标左键向左下方拉动或者向右上方拉动
或者向左上方拉动，然后松开，原来的方向图就会重新显示并布满整个画
布区域。

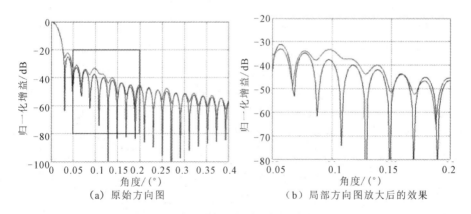

(a) 原始方向图　　　　　　　　(b) 局部方向图放大后的效果

图 7.17　方向图的交互操作

为便于用户了解副瓣电平及其位置信息，可采用全局变量来存储副瓣信
息。为分析时变载荷(如风荷)下天线电性能的变化情况，面天线机电耦合分析
软件提供了时变分析数据接口，可分析天线增益和增益损失随风荷的变化曲
线，如图 7.18 所示。

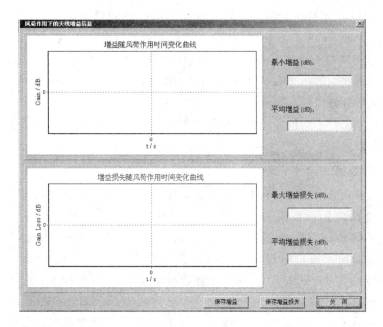

图 7.18　风荷作用下的天线增益信息界面

7.4.2　工程案例应用

　　本节以典型工程案例的实际应用来展现面天线机电耦合分析软件的功能。C/Ku 波段 16 m 口径圆抛物面天线主要应用于侦收天线系统。该天线的工作频段为 C 波段(增益为 54.9 dB)、Ku 波段(增益为 64.4 dB);8 级风天线保精度工作,10 级风降精度使用,12 级风不破坏结构;工作环境温度范围为 $-40\,℃\sim50\,℃$;表面法向精度指标为 0.7 mm。反射面面板采用刚性面板结构型式,由拉伸蒙皮和经拉伸成型的纵向筋、环向筋铆接而成。反射面面板材质均采用 LY12,单块面板制造精度分配值为 0.4 mm。表 7.1 给出了部分具体的设计参数。

表 7.1　16 m 天线结构的主要信息

(a)中心体结构参数

类型	参　数
中央圆环	外径:3 m;内径:1.98 m;圆环格数:16 个;圆环型材:圆钢,$d=0.07$ m
中央圆筒	外径:1.98 m;内径:1.6 m;圆环格数:16 个;圆筒型材:钢;外壁厚度:0.012 m;内壁厚度:0.01 m;支撑筋厚度:0.005 m;圆筒高度:1.3 m

(b) 背架结构参数

辐射梁型材信息		面板支撑杆长度/m	面板支撑杆直径/m	辐射梁/个	环梁/个	梁高/m	环梁型材信息		环梁形式
截面	材料						截面	材料	
角钢：长78 mm、厚6 mm	钢	0.08	0.016	16	3	1.3	角钢：长60 mm、厚5 mm	钢	双层环梁

(c) 反射面结构参数

反射面材料		加强筋型材		反射面参数							
材料	厚度/mm	截面	材料	反射面口径/m	焦径比	中空口径/m	径向单元间隔/m	径向划分/圈	第一圈面板/块	第二圈面板/块	第三圈面板/块
铝	2	槽型	铝	16	0.32	1.6	2	3	16	32	32

　　利用软件分别建立了如图 7.19 和图 7.20 所示的面天线反射体三维实体模型和有限元网格模型，并分别分析了仰天(仅受自重作用)与指平(受到自重与正吹风荷共同作用，风速为 20 m/s)两种状态下的天线机电性能。仰天状态下天线的应力云图和 Z 向位移云图分别如图 7.21 和图 7.22 所示，指平状态下天线的应力云图和 Z 向位移云图分别如图 7.23 和图 7.24 所示。该天线共有 27 个设计变量，优化迭代每循环一次需进行大约 30 次重分析，每次有限元分析需时约 18 min，迭代一次需时约 9 h。经 14 次迭代后收敛，共需时约 126 h，其优化迭代历程如图 7.25 所示。

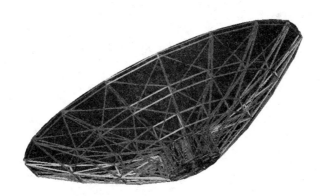

图 7.19　C/Ku 波段面天线反射体三维实体模型

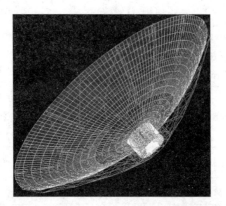

图 7.20　C/Ku 波段面天线反射体有限元网格模型

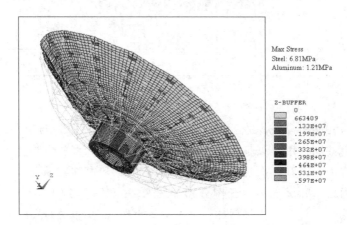

图 7.21　仰天状态下天线的应力云图

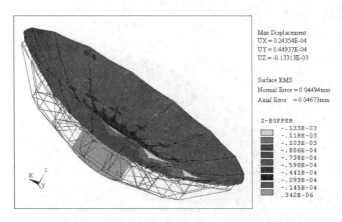

图 7.22　仰天状态下天线的 Z 向位移云图

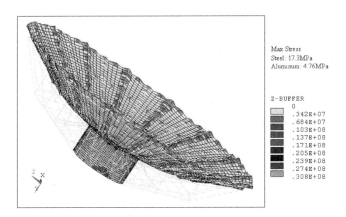

图 7.23　指平状态下天线的应力云图

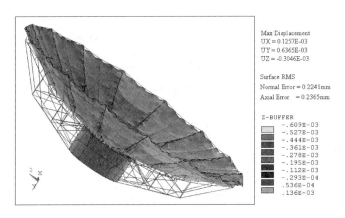

图 7.24　指平状态下天线的 Z 向位移云图

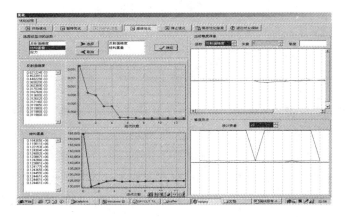

图 7.25　16 m 面天线结构优化迭代历程

由图 7.21 与图 7.22 可知，仰天状态下天线钢结构件的最大应力发生在辐射梁上弦杆的根部，铝结构件的最大应力发生在反射面与调整螺栓的连接处；仰天状态下天线的最大位移发生在天线最大直径和单片反射面中线的交点上。具体数值详见图 7.21 与图 7.22 中的信息栏。由图 7.23 与图 7.24 可知，指平状态下天线钢结构件的最大应力发生在中心体与辐射梁的结合部，铝结构件的最大应力发生在反射面和调整螺栓的连接处；指平状态下天线的最大位移发生在天线最大直径边缘且处于铅垂面的上方。具体数值详见图 7.23 与图 7.24 中的信息栏。由 4 个图中的数值可知，天线结构设计是满足设计要求的。

这里取天线频率为 14 GHz、6 GHz(Ku、C 波段)，照射锥削 ET 为 -10 dB，口径场分布参数 P 等于 1，两种状态下天线的主要电性能参数分别见表 7.2 和表 7.3。

表 7.2 仰天状态下天线的主要电性能参数

频率/GHz	增益/dB	增益损失/dB	法向表面精度/mm	轴向表面精度/mm	最大副瓣电平/dB	半功率波瓣宽度/(°)
14	65.0831	0.002 355	0.044 94	0.046 73	-22.30	0.08
6	57.7255	0.000 433	0.044 94	0.046 73	-22.288	0.2

表 7.3 指平状态下天线的主要电性能参数

频率/GHz	增益/dB	增益损失/dB	法向表面精度/mm	轴向表面精度/mm	最大副瓣电平/dB	半功率波瓣宽度/(°)
14	65.0268	0.058 633	0.2241	0.2365	-22.097	0.095
6	57.7152	0.010 769	0.2241	0.2365	-22.03	0.304

分析表 7.2 与表 7.3 可知：① 天线反射面的法向表面精度远远低于 0.5 mm 的表面精度要求(仰天状态下为 0.044 94 mm，指平状态下为 0.2241 mm)；② 天线增益损失的大小与工作频点关系密切，且与照射锥削的选择相关；③ 指平状态下的天线最大副瓣电平明显高于仰天状态下的天线最大副瓣电平，这是由于风荷作用下的天线变形远大于仰天自重下的表面变形；④ 天线测试频率的大小对天线半功率波瓣宽度大小的影响非常明显；⑤ 指平状态下的天

线半功率波瓣宽度大于仰天状态下的天线半功率波瓣宽度,这是由于正吹风荷的作用使指平状态下天线的方向性变差。

另外,选取天线照射锥削 ET 为 -10 dB,口径场分布参数 P 等于 1,测试频率为 14 GHz,得到的仰天和指平状态下仅受自重作用的天线辐射功率方向图分别如图 7.26 和图 7.27 所示,同时表 7.4 给出了不同位姿下天线的主要电性能参数。

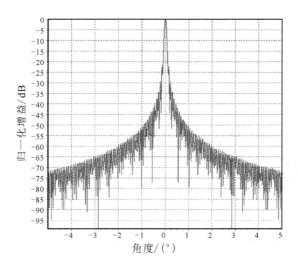

图 7.26　仰天状态下天线的辐射功率方向图

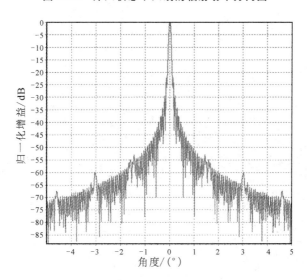

图 7.27　指平状态下天线的辐射功率方向图

表 7.4　不同位姿下天线的主要电性能参数

位姿（仅自重）		增益/dB	增益损失/dB	法向表面精度/mm	第一副瓣/dB	第二副瓣/dB	半功率波瓣宽度/(°)
方位/(°)	俯仰/(°)						
0	90	65.083	0.002 36	0.044 94	−22.30	−29.479	0.08
90	0	65.064	0.021 51	0.135 84	−22.25	−29.47	0.08
45	45	65.074	0.011 93	0.101 17	−22.278	−29.474	0.08
120	60	65.078	0.007 15	0.078 29	−22.29	−29.477	0.08
230	30	65.069	0.016 72	0.119 76	−22.265	−29.472	0.08
320	17	65.066	0.019 87	0.130 56	−22.256	−29.47	0.08

由表 7.4 可知：① 仅受重力作用的天线，其指平时增益最小，且此时天线最大副瓣电平也是最高的；② 仰天状态下天线的电性能最好，即天线增益最大，副瓣电平最低；③ 仅受重力作用的各种位姿天线的半功率波瓣宽度都是 0.08°；④ 所有分析结果都满足设计要求，这也从另一角度证明了天线结构设计是合理的。

参 考 文 献

[1] 王从思，王伟，宋立伟. 微波天线多场耦合理论与技术[M]. 北京：科学出版社，2015.

[2] BALANIS C A. Antenna Theory：Analysis and Design[M]. 4th ed. Hoboken：John Wiley and Sons Inc.，2016.

[3] STUTZMAN W L，THIELE G A. Antenna Theory and Design[M]. 3rd ed. Hoboken：John Wiley and Sons Inc.，2013.

[4] MILLIGAN T A. Modern Antenna Design[M]. 2nd ed. Hoboken：John Wiley and Sons Inc.，2005.

[5] KAWAKAMI K，NAKAMIZO H，TAJIMA K，et al. A C-Ku-band RF Module Transmitter Including an RF Signal Generator for a Fiexible Phased-array System[J]. IEEE Transactions on Microwave Theory and Techniques，2013，61(8)：3052 – 3059.

[6] RAO S，LIOMBART N，WIJNHOLDS S J. Antenna Applications Corner：Phased-array Antenna System Development for Radio-astronomy Applications [J]. IEEE Antennas and Prropagation Magazine，2013，55(6)：293 – 308.

[7] GLEICK J. The Information：A History，A Theory，A Flood[M]. New York：Penguin Random House US，2012.

[8] 南仁东. 500 m 球反射面射电望远镜 FAST[J]. 中国科学 G 辑：物理学、力学、天文学，2005，35(5)：449 – 466.

[9] HUGHES P K，CHOE J Y. Overview of Advanced Multifunction RF Systems (AMRFS)[C]. IEEE International Conference on Phased Array Systems and Technology，IEEE，2000.

[10] TARAU C，WALKER K L，ANDERSON W G. High temperature variable conductance heat pipes for radioisotope stirling systems[J]. Spacecraft and Rockets，2010，42(1)：15 – 22.

[11] SUKHAREVSKY O I. Applied Problems in the Theory of Electromagnetic Wave Scattering[M]. Bristol：IOP Publishing Ltd，2022.

[12] RICHARDS M A. Principles of Modern Radar[M]. Edison：SciTech Publishing，2010.

[13] 魏文元，宫德明，陈必森. 天线原理[M]. 北京：国防工业出版社，1985.

[14] 钟顺时. 天线理论与技术[M]. 北京：电子工业出版社，2011.

[15] 张祖稷. 雷达天线技术[M]. 北京：电子工业出版社，2008.

[16] 王培章，晋军. 现代微波与天线测量技术[M]. 南京：东南大学出版社，2018.

[17] 谭云华，周乐柱，吴德明，等. 微波工程[M]. 4版. 北京：电子工业出版社，2019.

[18] RAO S，SHAFAI L，SHARMA S. Handbook of Reflector Antennas and Feed Systems，Volume Ⅲ，Applications of Reflectors[M]. Fitchburg：Artech House Publishers，2013.

[19] 张尉博，张琦，徐宏涛，等. 高稳定碳纤维格栅夹层反射器结构设计及型面热变形优化[J]. 复合材料科学与工程，2020，5：40-46.

[20] WANG C S，DUAN B Y，ZHANG F S，et al. Coupled Structural-electromagnetic-thermal Modeling and Analysis of Active Phased Array Antennas[J]. IET microwave & propagation，2010，4(2)：247-257.

[21] 刘忠祥，郑飞，白院生. 空间反射面天线在轨热分析[J]. 强度与环境，2009，36(5)：56-57.

[22] 李洪峰. 结构功能一体化耐高温树脂改性及胶膜的研究[D]. 哈尔滨：东北林业大学，2017.

[23] 朱钟淦，叶尚辉. 天线结构设计[M]. 北京：国防工业出版社，1980.

[24] 赵惇殳. 电子设备热设计[M]. 北京：电子工业出版社，2009.

[25] 李兆. 基于S型与Z型流道冷板的有源相控阵天线的热设计研究[D]. 西安：西安电子科技大学，2014.

[26] BARLETTA A，MAGYARI E. Thermal entrance heat transfer of an adiabatically prepared fluid with viscous dissipation in a tube with isothermal wall[J]. Journal of heat transfer，2006，128(11)：1185-1193.

[27] 汤勇，孙亚隆，唐恒，等. 柔性热管的研究现状与发展趋势[J]. 机械工程学报，2022，58(10)：265-279.

[28] 王从思，段宝岩，仇原鹰. 电子设备的现代防护技术[J]. 电子机械工程，2005，21(3)：1-4.

[29] 曹晖，赖明，白绍良. 适合于地震工程信号分析的快速小波变换法[J]. 工程力学，2002，19(4)：141-148.

[30] MATTHIES H G，NIEKAMP R，STEINDORF J. Algorithms for strong coupling procedures[J]. Computer Methods in Applied Mechanics and Engineering，2006，195：2028-2049.

[31] 陈刚，吕计男，龚春林. 计算流固耦合力学[M]. 北京：科学出版

社，2021.

[32] 陈竹梅，匡云连，黄帅，等. 机载电子"机-电-磁-气动"多场耦合系统研究方法[J]. 中国电子科学研究院学报，2019，14(6)：639－645＋659.

[33] 王从思. 有源相控阵天线机电热耦合分析、设计与补偿[M]. 北京：科学出版社，2021.

[34] 吴伟雄，谢世伟，马瑞鑫，等. 固-液/气-液多相耦合热控技术应用研究进展[J]. 化工进展，2023，42(3)：1143－1154.

[35] TADMOR E B，KOSA G. Electromechanical Coupling Correction for Piezoeleelric Layered Beams[J]. Journal of Microelectromechanical Systems，2003，12(6)：899－906.

[36] 郭少华. 多场耦合动力学[M]. 北京：科学出版社，2017.

[37] YARALIOGLU G G，ERGUN A S，BAYRAM B，et al. Calculation and Measurement of Electromeehanical Coupling Coefficient of Capacitive Micromachined UltrasonicTransducers[J]. IEEE Transactions on Ultrasonics，Ferroelectrics，and Frequency Control，2003，50(4)：449－456.

[38] FELIPPA C A，PARK K，FARHAT C. Partioned Analysis of Coupled Mechanical Systems[J]. Computer Methods in Applied Mechanics and Engineering，2001，190(24/25)：3247－3270.

[39] FISH J，CHEN W. Modeling and Simulation of Piezocomposites[J]. Computer Methods in Applied Mechanics and Engineering，2003，192(28/29/30)：3211－3232.

[40] MICHOPOULOS J，FARHAT C，HOUSTIS E，et al. Dynamic Data Driven Methodologies for Multiphysits System Modeling and Simulation[J]. Lecture Notes in Computer Science，2005，3515：616－623.

[41] RAULLI M，MAUTE K. Optimization of Fully Coupled Electrostatic-fluid-structure Interaction Problems[J]. Computers and Structures，2005，83(2/3)：221－233.

[42] 王从思. 天线机电热多场耦合理论与综合分析方法研究[D]. 西安：西安电子科技大学，2007.

[43] 段宝岩. 大型空间可展开天线的研究现状与发展趋势[J]. 电子机械工程，2017，33(1)：1－14.

[44] IMBRIALE W A. Large Antennas of the Deep Space Network[M]. Hoboken：John Wiley and Sons Inc.，2003.

[45] BUYANOV Y I，BALZOVSKY E V，KOSHELEV V I，et al. Radiation

Characteristics of an Offset Reflector Antenna Excited by a Combined Antenna Array[J]. Russian physics journal, 2019, 62(7): 1214 - 1219.

[46] ARPIN F, MCNAMARA D A, COWLES P. Scanning of an Offset Dual-Reflector Antenna Pattern Through Subreflector Movement: Translation Versus Rotation[J]. Microwave and optical technology letters, 2005, 44(4): 338 - 342.

[47] 冯树飞. 大型全可动反射面天线结构保型及创新设计研究[D]. 西安: 西安电子科技大学, 2019.

[48] AYKUT D, NURDAN S, FIKRET T, et al. Phase error analysis of displaced-axis dual reflector antenna for satellite earth stations[J]. Archiv fur Elektronik und Ubertragungstechnik: Electronic and Communication, 2019, 110: 1 - 6.

[49] PLASTIKOV A N. A High-Gain Multibeam Bifocal Reflector Antenna With 40° Field of View for Satellite Ground Station Applications[J]. IEEE Transactions on Antennas and Propagation, 2016, 64(7): 3251 - 3254.

[50] 王从思, 段宝岩, 仇原鹰. Coons 曲面结合 B 样条拟合大型面天线变形反射面[J]. 电子与信息学报, 2008, 1: 233 - 237.

[51] 王从思, 段宝岩, 仇原鹰. 大型天线变形反射面的新拟合方法[J]. 西安电子科技大学学报, 2005, 6: 839 - 843.

[52] 鲁戈舞, 张剑, 杨洁颖, 等. 频率选择表面天线罩研究现状与发展趋势[J]. 物理学报, 2013, 62(19): 9 - 18.

[53] LI P, XU W Y, YANG D W. An Inversion Design Method for the Radome Thickness Based on Interval Arithmetic[J]. IEEE Antennas and Wireless Propagation Letters, 2018, 17(4): 658 - 661.

[54] 唐宝富, 钟剑锋, 顾叶青. 有源相控阵雷达天线结构设计[M]. 西安: 西安电子科技大学出版社, 2016.

[55] TOWNSEND W. An Initial Assessment of the Performance Achieved by the SEASAT-1 Radar Altimeter[J]. Oceanic Engineering, 1980, 5 (2): 80 - 92.

[56] CAPECE P, CAPUZI A. Active SAR AntennasDevelopment in Italy[C]. 3rd International Asia-Pacific Conference on Synthetic Aperture Radar (APSAR), September 26 - 30, 2011, Rome, Italy: IEEE, 2011: 1 - 5.

[57] BUCKREUSS S, WERNINGHAUS R, PITZ W. The German Satellite

Mission TERRASARX[J]. IEEE Aerospace and Electronic Systems Magazine, 2009, 24(11): 4 - 9.

[58] 谢辉, 赵强, 曾祥能. 合成孔径雷达技术应用于星载平台的现状与发展[J]. 舰船电子对抗, 2019, 42(1): 6 - 9.

[59] 陈升友. 天基雷达大型可展开相控阵天线及其关键技术[J]. 现代雷达, 2008, 30(1): 5 - 8.

[60] YUEN J H. Spaceborne Antennas for Planetary Exploration[M]. Hoboken: John Wiley and Sons Inc., 2006.

[61] SRIVASTAVA S, CÔTÉ S, MUIR S, et al. The RADARSAT-1 imaging performance, 14 years after launch, and independent report on RADARSAT-2 image quality[C]. Geoscience and Remote Sensing Symposium (IGARSS), July 25 - 30, 2010, Honolulu, HI: IEEE, 2010: 3458 - 3461.

[62] ISHITSUKA N, TOMIYAMA N, YAMANOKUCHI T, et al. Project for development of application using satellite image to measure paddy rice planted area in Japan: case of ALOS/PALSAR[C]. 3rd International Asia-Pacific Conference on Synthetic Aperture Radar (APSAR), September 26 - 30, 2011, Seoul, Korea (South): IEEE, 2011: 1 - 3.

[63] IVANOV V K, YATSEVICH S Y. Development of the Earth Remote Sensing Methods At IRE NAS Of Ukraine[J]. Telecommunications and Radio Engineering, 2009, 68(16): 36 - 45.

[64] LEE S R. Overview of KOMPSAT-5 Program, Mission, and System[C]. Geoscience and Remote Sensing Symposium (IGARSS), July 25 - 30, 2010, Honolulu, HI: IEEE, 2010: 797 - 800.

[65] 王从思, 韩如冰, 王伟, 等. 星载可展开有源相控阵天线结构的研究进展[J]. 机械工程学报, 2016, (5): 107 - 123.

[66] 王从思, 段宝岩, 仇原鹰, 等. 面向大型反射面天线结构的机电综合设计与分析系统[J]. 宇航学报, 2008, 29(6): 2041 - 2049.

[67] 韩如冰. 星载微带阵列天线结构热变形对电性能的影响分析[D]. 西安: 西安电子科技大学, 2014.

[68] FARUQUE M O, DINAVAHI V, STEURER M, et al. Interfacing Issues in Multi-Domain Simulation Tools[J]. IEEE Transactions on Power Delivery, 2012, 27(1): 439 - 448.

[69] XU B, CHEN N. An Integrated Method of CAD, CAE and Multi-Objective Optimization[C]. 2009 IEEE 10th International Conference on Computer-aided Industrial Design and Conceptual Design, IEEE, 2010.

[70] PARK H S, DANG X P. Structural Optimization Based on CAD-CAE Integration and Metamodeling Techniques [J]. Computer Aided Design, 2010, 42(10): 889 - 902.

[71] 王从思，段宝岩，仇原鹰，等. 大型面天线 CAE 分析与电性能计算的集成[J]. 电波科学学报, 2007, 22(2): 292 - 298.